BALINT Schule

Liebe Mitschülerinnen und Mitschüler der Balintschule!

Bitte beteiligt euch an der Wahl unseres Schülersprechers.
Hier seht ihr den Stimmzettel.
Ihr habt vier Stimmen, die ihr beliebig verteilen könnt.
Tragt jeweils in das Kästchen ein, wie viele Stimmen ihr jedem Kandidaten gebt.

☐ Albert ☐ Bea ☐ Maike

☐ Nico ☐ Sina ☐ Vera

L & P / 4717

1 Das Diagramm zum Wahlergebnis ist noch nicht vollständig gezeichnet und beschriftet.

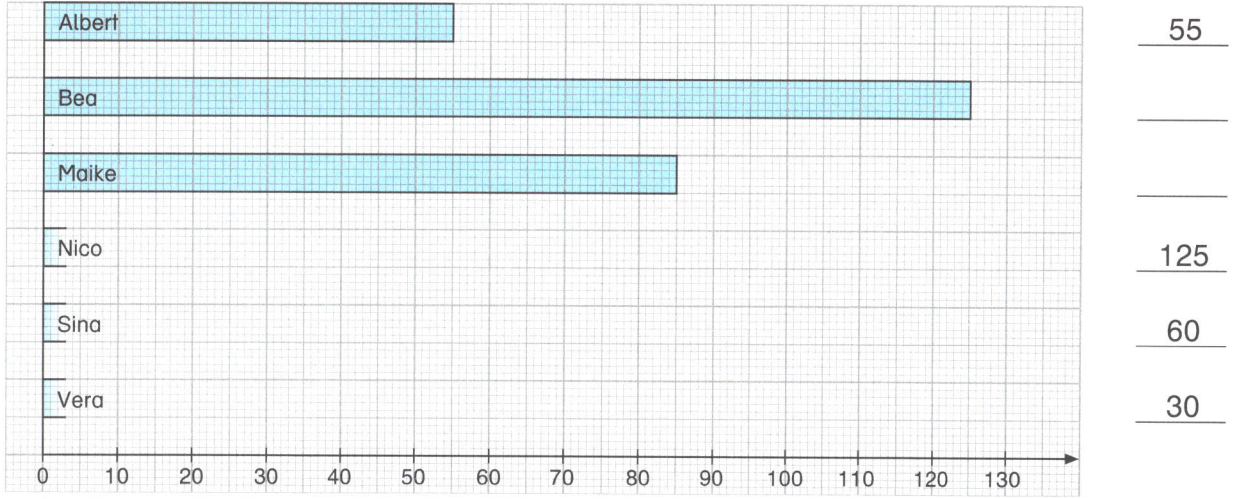

55
___
___
125
60
30

a) Prüfe, ob die Zahl der für Albert abgegebenen Stimmen richtig dargestellt wurde.

b) Trage die Zahl der Stimmen für Bea und Maike ein.

c) Zeichne die Säulen für Nico, Sina und Vera.

d) Warum muss eine Stichwahl stattfinden?

A: _____

2 Bei der Stichwahl erhält Bea 62 Stimmen, Nico erhält 56 Stimmen.

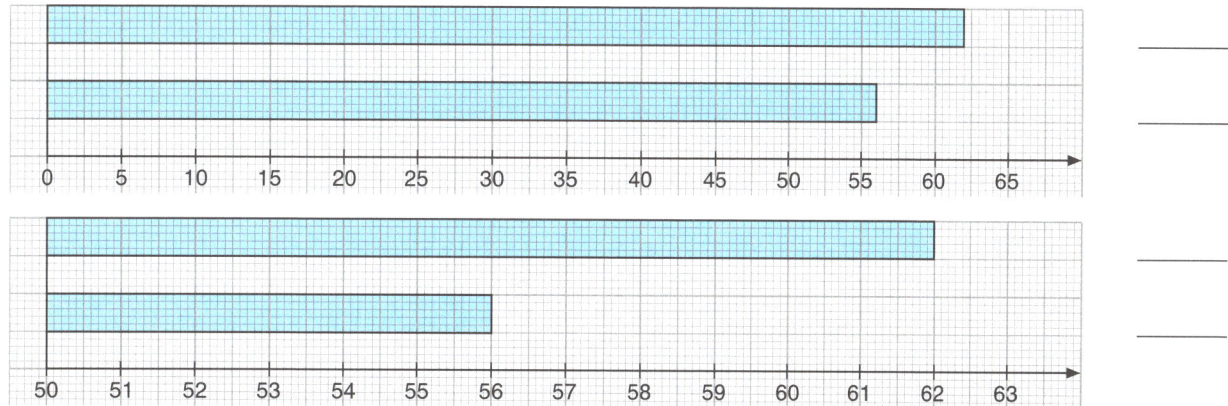

a) Schreibe in beiden Diagrammen die Namen an die zugehörigen Säulen.

b) Stimmt die Aussage? Kreuze an.

○ Bea hat 6 Stimmen mehr erhalten als Nico.

○ Bea hat doppelt so viele Stimmen erhalten wie Nico.

○ Bei der Stichwahl wurden insgesamt 118 Stimmen vergeben.

○ Das untere Diagramm ist falsch.

Daten aus Diagrammen ablesen und in Diagrammen darstellen

1

Der Cannstatter Wasen ist ein großes Stuttgarter Volksfest.
An den 16 Tagen kommen jedes Jahr zwischen 4 und 5 Millionen Besucher auf das Festgelände.

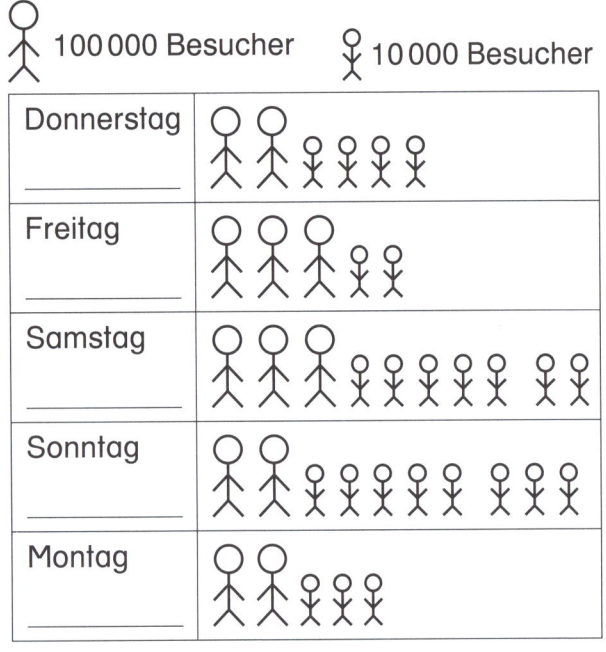

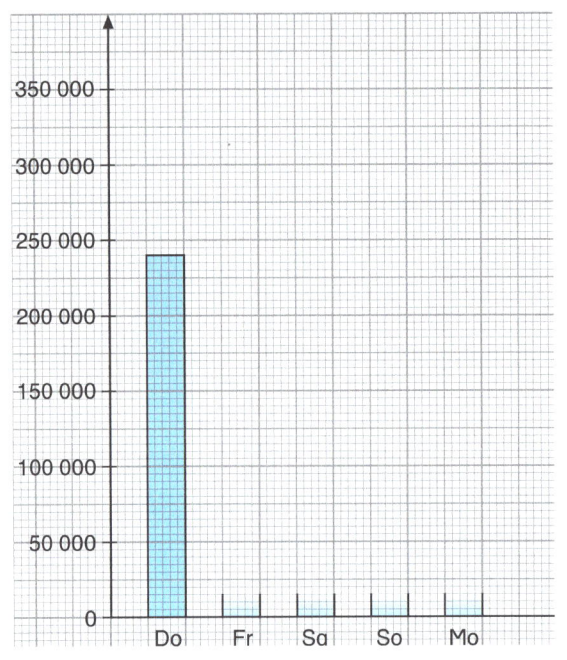

a) Im linken Bild sind die Besucherzahlen durch Figuren dargestellt. Entnimm dem Bild die Besucherzahlen und trage sie in die Tabelle ein.

b) Vervollständige das Säulendiagramm zu den Besucherzahlen.

c) Wie viele Besucher waren am Samstag mehr auf dem Volksfest als am Montag?

A: _____

2

Dienstag _____	🧍🧍🧍
Mittwoch 160 000	
Donnerstag 170 000	
Freitag _____	🧍🧍🧍
Samstag 330 000	

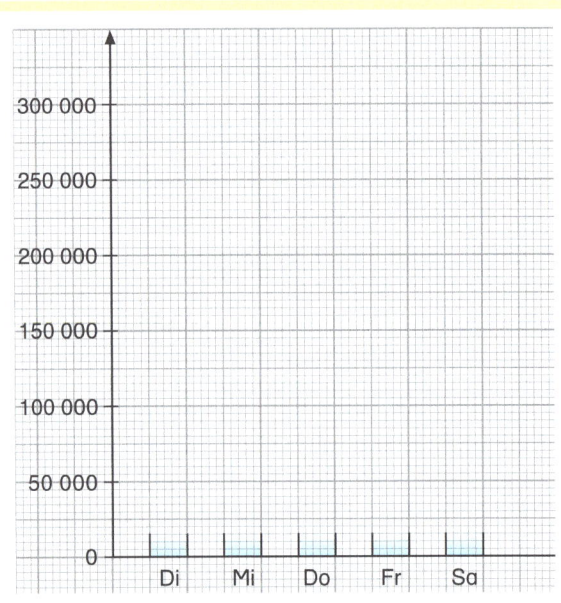

a) Trage die dargestellten Besucherzahlen in die linke Tabellenspalte ein.

b) Ergänze die Figuren für die Besucherzahlen an den anderen Tagen.

c) Stelle die Besucherzahlen in einem Säulendiagramm dar.

1 Zu jedem Hunderterfeld gehören ein Prozentsatz, ein Hundertstelbruch, ein gekürzter Bruch und eine Kommazahl.
Ergänze die fehlenden Werte. Färbe den Bruchteil im Hunderterfeld.

a)
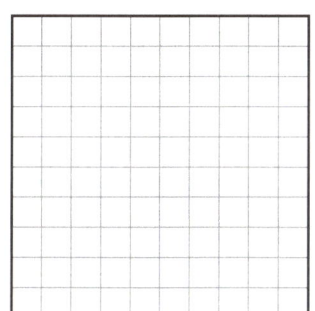

b)
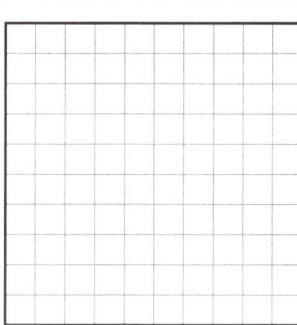

c)
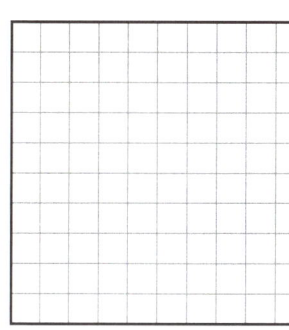

d)
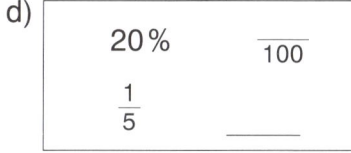
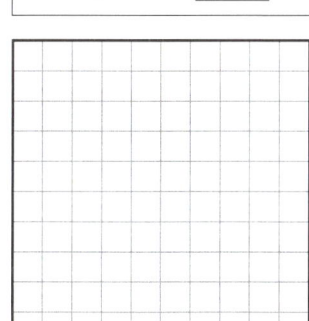

e)

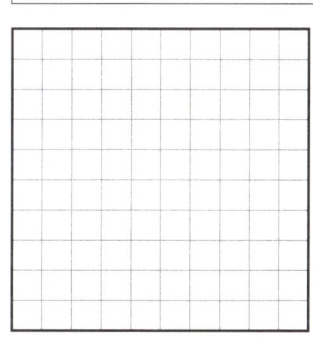

f)
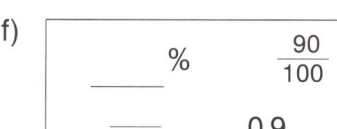
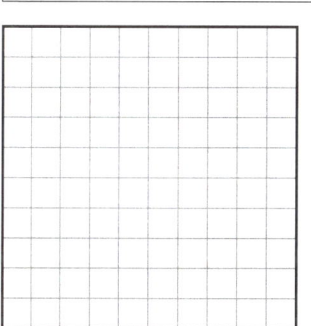

2 Wie heißen die Zahlen?

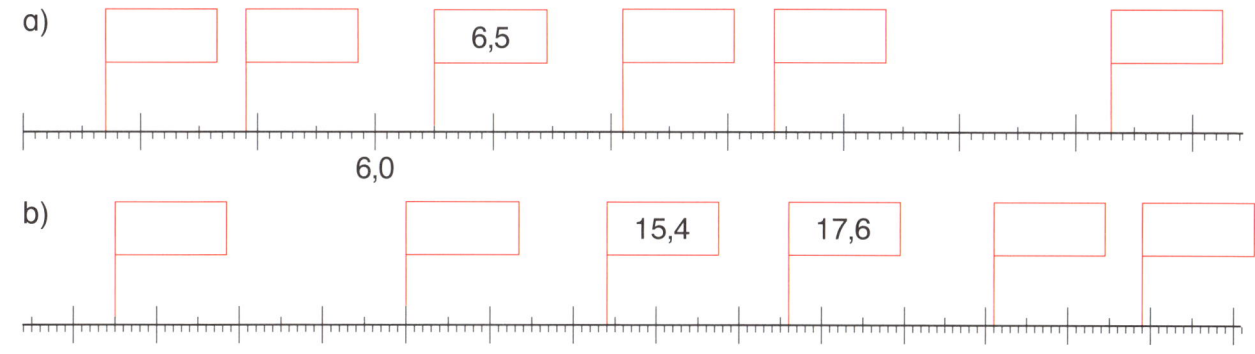

3 Auf dem Schild soll immer die Zahl in der Mitte stehen. Ergänze die fehlende Zahl.

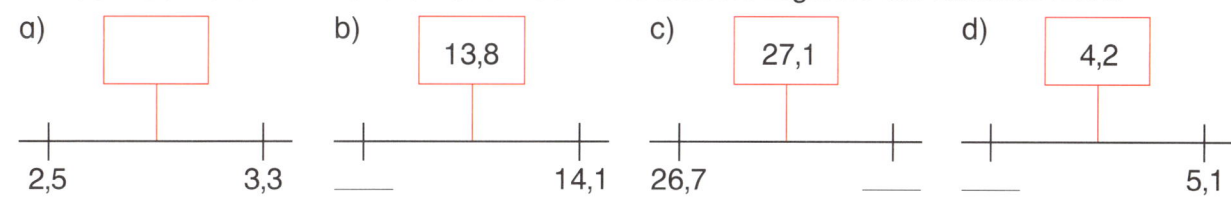

1 Valentina und Michael wandern zur Burg Stolz und wieder zurück.
Vervollständige die Tabelle anhand des Schaubilds.

	Uhrzeit	Weglänge
Abmarsch		
Ankunft am Brunnen		
Ankunft am Baggersee		
Ankunft bei der Burg		
Ankunft zuhause		

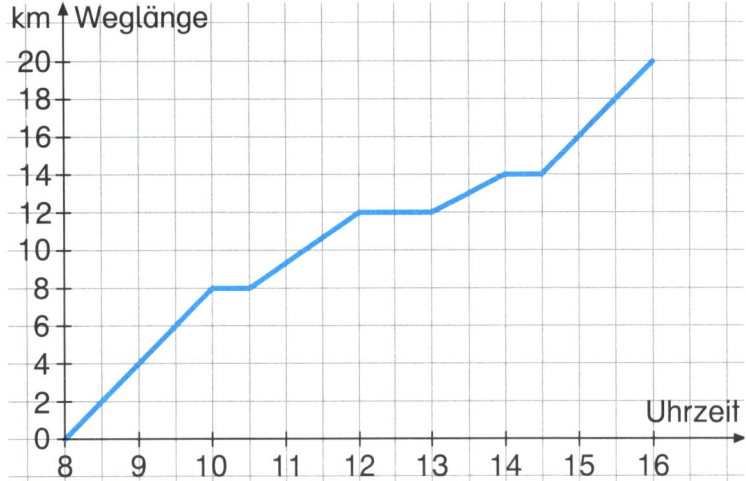

2 Eine Jugendgruppe wandert vom Wanderheim auf einem Rundweg zum Schloss Rot und zurück zum Heim.

a) Trage die Angaben zum Verlauf der Wanderung in die Tabelle ein.

b) Vervollständige das Schaubild zum Verlauf der Wanderung.

	Uhrzeit	Weglänge
Abmarsch		
Ankunft am Wehrturm		
Ankunft am Schloss		
Ankunft im Heim		

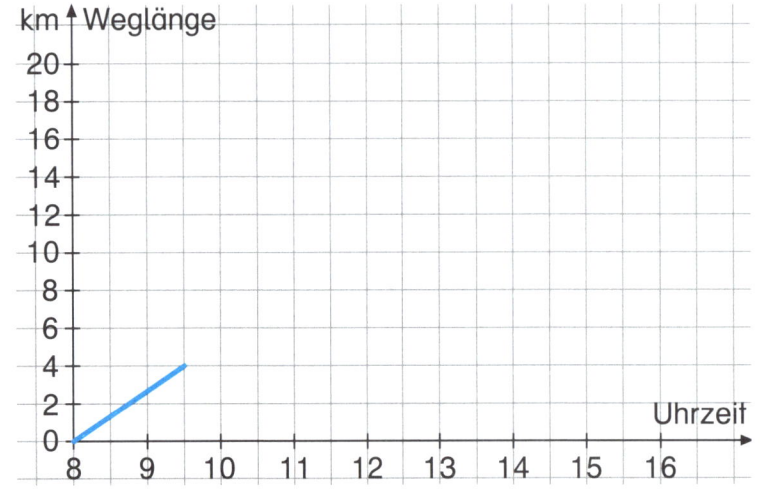

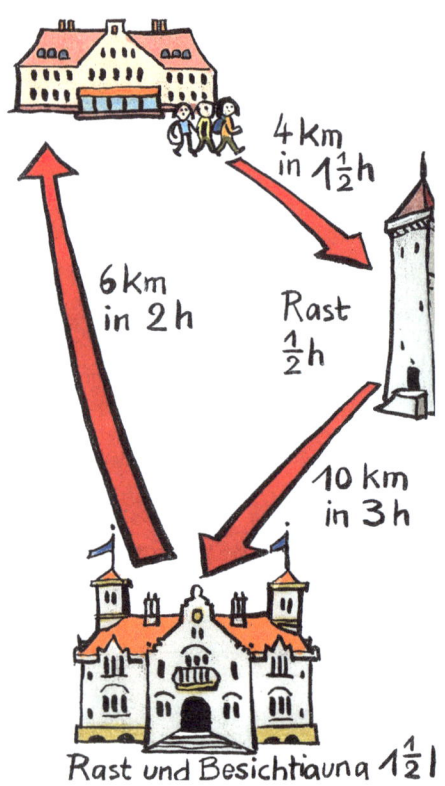

4 km in $1\frac{1}{2}$ h

6 km in 2 h

Rast $\frac{1}{2}$ h

10 km in 3 h

Rast und Besichtigung $1\frac{1}{2}$ l

Janis und seine drei Freunde planen eine Fahrradtour an der Weser.
Die Tour soll am 17. Juli in Hann. Münden beginnen.
In den angegebenen Jugendherbergen wollen die Schüler übernachten.
In Hameln sind zwei Übernachtungen geplant. So können sie ausruhen und die Stadt erkunden.

Hann. Münden – Bad Karlshafen	53 km
Bad Karlshafen – Holzminden	43 km
Holzminden – Hameln	54 km
Hameln – Rinteln	30 km
Rinteln – Minden	41 km

1 Kreuze die Fragen an, die du beantworten kannst.
○ Wie alt sind die Schüler?
○ Reichen 100 € pro Person für die Übernachtungen in den Jugendherbergen?
○ Wie viel Geld geben die vier Freunde für Verpflegung aus?
○ Wie weit ist es von Holzminden bis Rinteln?
○ An welchem Tag kommen die vier Freunde in Minden an?

2 Notiere weitere Fragen zu den Informationen der Fahrradtour.

_____

_____

3 Setze die fehlenden Werte ein.

Von Hameln bis nach Minden sind es _____ km.

Zusammen bezahlen die Freunde _____ € Eintritt im Museum.

Zwei Übernachtungen in der Jugendherberge mit Frühstück kosten _____ € pro Person.

4 Am Ende der Tour haben die vier Freunde noch 76 € in der Reisekasse. Sie teilen das Geld gerecht auf.

F: Wie viel Euro erhält jeder?

A: _____

Speisekarte			
Pizza		**Nachspeise**	
Napoli	5,60 €	Eis	1,60 €
Salami	7,20 €	Tiramisu	2,70 €
Mare	7,60 €	Milchreis	1,80 €
Nudeln		**Getränke**	
Spagetti Napoli	5,30 €	Mineralwasser	1,10 €
Tortellini	6,50 €	Cola – Limo	1,40 €
Lasagne	7,50 €	O-Saft	1,60 €

1 Oleg lädt Sara zu einem Essen in der Pizzeria ein.

a) Sara bestellt eine Pizza Napoli, eine Limo und als Nachspeise Eis.

F: Wie teuer ist Saras Essen?

A: _____

b) Oleg bestellt Tortellini, ein Mineralwasser und Milchreis.

F: _____

A: _____

c) F: Wie viel Euro bezahlt Oleg insgesamt?

Oleg bezahlt insgesamt _____ €.

2 Frau Berg bezahlt für Tortellini, Eis und ein Getränk 9,20 €.

F: Welches Getränk hat Frau Berg gewählt?

A: _____

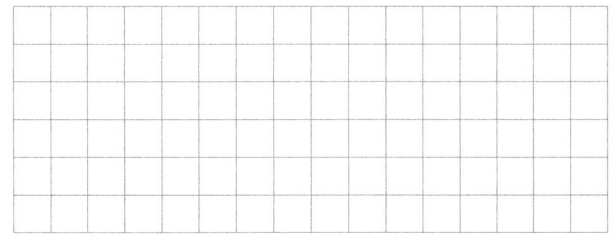

3 Stimmt die Aussage? Kreuze an.

○ 2 Pizzen kosten höchstens 10 €.

○ Für Tortellini, O-Saft und Eis muss man 9,70 € bezahlen.

○ Herr Müller bezahlt Spagetti und eine Cola mit einem 50-€-Schein. Er bekommt höchstens 20 € zurück.

○ Eine Pizza Salami wiegt mehr als 2 kg.

○ Für 8 € kann man ein Essen mit Nachspeise und Getränk bestellen.

4 Überprüfe die Rechnungen. Schreibe das richtige Ergebnis darunter.

Pizza Napoli	5,60
Cola	1,40
Eis	1,60
	9,60

2 Pizza Mare	15,20
2 Cola	2,80
Tiramisu	2,70
	19,70

Lasagne	7,50
2 Cola	2,80
Milchreis	1,80
	13,10

2 Tortellini	13,00
2 Cola	2,80
Tiramisu	2,70
Eis	1,60
	20,20

_____   _____   _____   _____

1 Kann das stimmen? Kreuze an.
- ⭘ Der Weltrekord im Hochsprung liegt bei 4,20 m.
- ⭘ Ein Fahrrad kann mehr als 10 kg wiegen.
- ⭘ Durchschnittlich schläft ein Mensch 150 Stunden in der Woche.
- ⭘ Der Atlantik ist an seiner tiefsten Stelle 80 km tief.

2 Kann das stimmen? Kreuze an.
- ⭘ Fünf Briefmarken wiegen zusammen mehr als 100 g.
- ⭘ Ein Tag dauert länger als 1 200 Minuten.
- ⭘ Nico kann Schritte von 5 000 mm Länge machen.
- ⭘ Leonies Einkaufstasche wiegt mehr als 3 000 g.

3 Welche Angabe stimmt ungefähr? Kreuze an.

a)

Eine Milchkuh ist etwa
- ⭘ 200 kg
- ⭘ 600 kg
- ⭘ 2 000 kg

schwer.

b)

Tannen werden bis zu
- ⭘ 70 m
- ⭘ 20 m
- ⭘ 150 m

hoch.

c)

Ein Reisebus ist etwa
- ⭘ 5 m
- ⭘ 12 m
- ⭘ 36 m

lang.

4 Peter hat berühmte Sehenswürdigkeiten in aller Welt besucht. Schätze, wie hoch sie sind?

a)

_____ m

b)

_____ m

c)

_____ m

5 Welche Angabe stimmt ungefähr? Kreuze an.

a)

Sina wohnt 3 km von der Schule entfernt. Sie fährt jährlich
- ⭘ 400 km
- ⭘ 1 200 km
- ⭘ 5 000 km

zur Schule.

b)

Ein Schüler verbringt jährlich etwa
- ⭘ 200 Stunden
- ⭘ 500 Stunden
- ⭘ 1 000 Stunden

in der Schule.

c)

Täglich soll man 2 l trinken. Das sind im Jahr
- ⭘ 320 Kästen
- ⭘ 160 Kästen
- ⭘ 80 Kästen

Mineralwasser.

Probleme mit mathematischen Mitteln lösen

1 Das Olympiastadion in Berlin ist mit 60 000 Zuschauern ausverkauft.
Wie lang ist ungefähr die Autoschlange, wenn immer 2 Zuschauer in einem Auto anreisen?
Beachte die Lösungsschritte.

Pro Auto 2 Personen. In der Schlange stehen _____ Autos.

Ein Auto ist etwa _____ m lang.

Dann ist die Autoschlange ungefähr _____ m lang.

2 Wie lang ist die Schlange vor dem Stadiontor, wenn alle Zuschauer hintereinander stehen und warten?

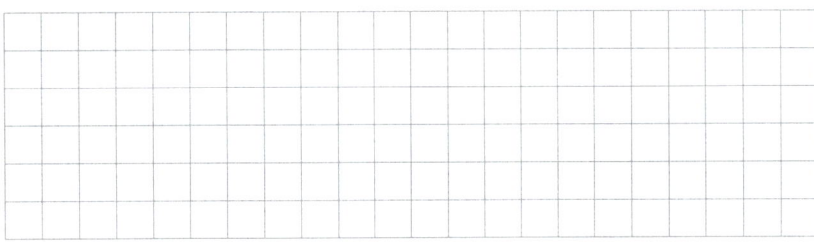 

Stadion „An der Brücke" 7 500 Zuschauer

A: _____

3 Wie viele Schüler sind so schwer wie ein ausgewachsener Elefant?

A: _____

4 Wie viele Legosteine (1 cm hoch) muss man zusammensetzen, um den Kopf der Giraffe zu erreichen?

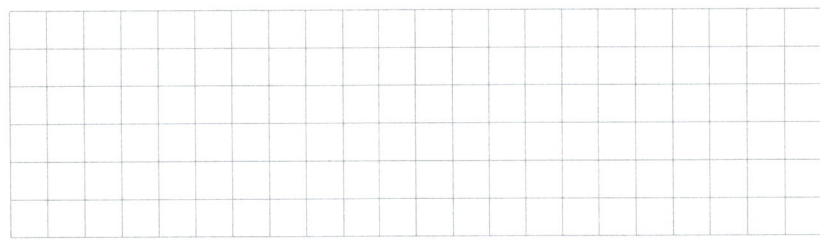 

A: _____

1 Marco kauft an der Kinokasse Popcorn für 1,80 €, eine Limo für 1,70 € und eine Eintrittskarte. Er bezahlt insgesamt 11 €. Wie teuer ist die Eintrittskarte?

Welche Skizze passt zum Text? Kreuze an und ergänze den fehlenden Wert.

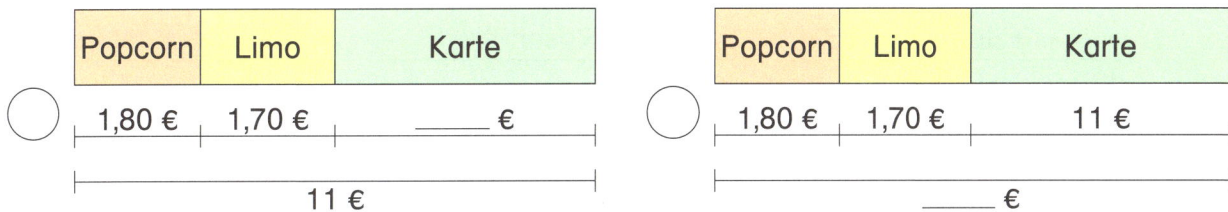

2 Löse die Aufgabe mit Hilfe der Skizze. Schreibe einen Antwortsatz.

a) Jessica kauft an der Kinokasse Getränke für 4,50 € und 3 Eintrittskarten. Sie bezahlt insgesamt 25,50 €. Wie teuer ist eine Eintrittskarte?

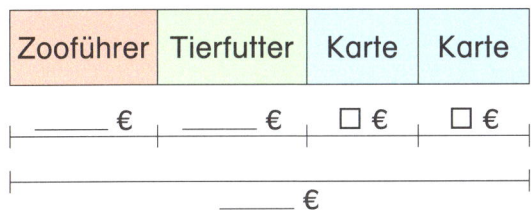

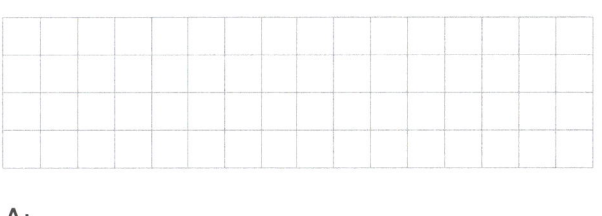

A: _____

b) Elif kauft an der Zookasse 2 Eintrittskarten, einen Zooführer für 5,50 € und Tierfutter für 2,50 €. Insgesamt bezahlt sie 27,50 €. Wie teuer ist eine Eintrittskarte?

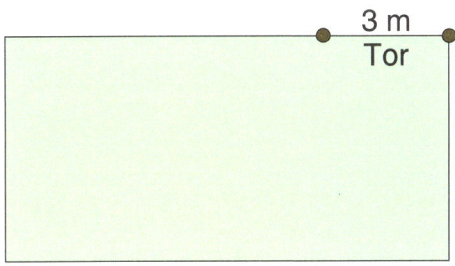

A: _____

3 Ein rechteckiger Garten (a = 12 m, b = 6 m) wird neu eingezäunt. An einer Längsseite werden 2 Pfosten für das 3 m breite Tor gesetzt. Die anderen Pfosten ringsum sollen ebenfalls den Abstand 3 m haben. Wie viele Pfosten werden benötigt?
Ergänze die Skizze.

A: _____

4 An beiden Seiten eines 2 100 m langen Wanderweges sollen Obstbäume im Abstand von 300 m gepflanzt werden.
Wie viele Pflanzen werden benötigt?
Löse mit Hilfe der Skizze.

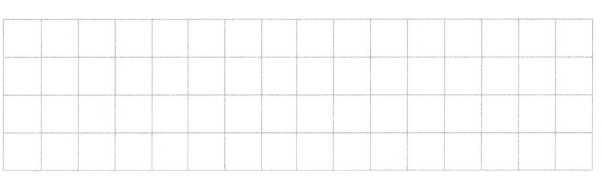

A: _____

Sachaufgaben mit Tabellen und Schaubildern lösen

1 Beim Schulfest verkauft die Garten-AG selbst gezüchtete Schnittblumen.
a) Berechne die fehlenden Preise.
b) Verbinde die Tabelle mit dem zugehörigen Schaubild.

Tulpen	
Stück	€
1	0,20
2	0,40
5	1,00

Rosen	
Stück	€
1	0,30
3	0,90
5	

Sonnenblumen	
Stück	€
1	0,40
3	
4	

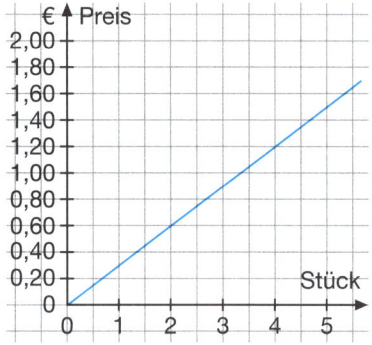
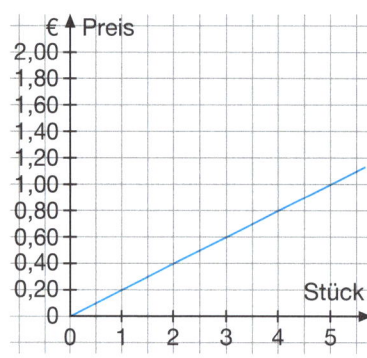
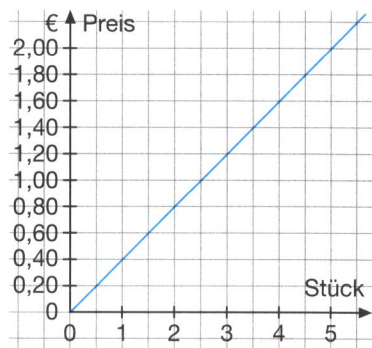

2 Falls mehr als 5 Stück gekauft werden, kostet jede weitere Tulpe nur 10 Cent.
a) Vervollständige die Tabelle und trage die Preise in das Schaubild ein.

Tulpen	
Stück	€
1	0,20
2	0,40
4	
5	1,00
6	1,10
7	1,20
8	
9	
10	

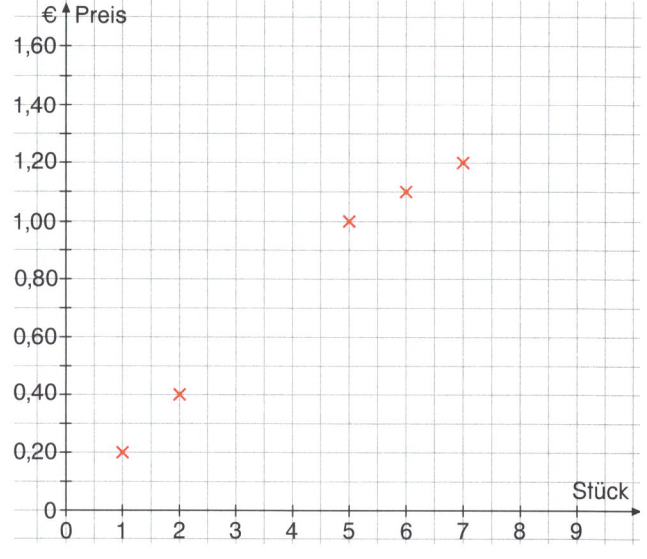

b) Wie teuer sind 12 Tulpen?

A: _____

3 Bei Topfblumen gibt es ab der dritten Pflanze einen Preisnachlass von 50 Cent.
Vervollständige die Tabelle.

a)

Geranien	
Stück	€
1	1,00
2	
3	2,50

b)

Lilien	
Stück	€
1	0,90
2	1,80
3	

c)

Orchideen	
Stück	€
1	2,50
2	
4	

1 An einer Umfrage nach der Lieblings-
sportart nehmen 200 Jugendliche teil. Das
Ergebnis steht rechts.

Fußball	40 % der Jugendlichen
Volleyball	$\frac{1}{4}$ der Jugendlichen
Handball	$\frac{1}{10}$ der Jugendlichen
Basketball	50 Jugendliche

a) Welche Schaubilder passen zum Text?
   Kreuze an.

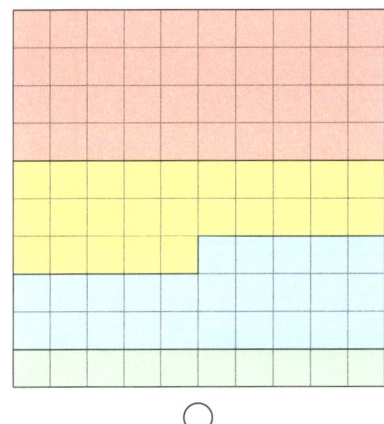 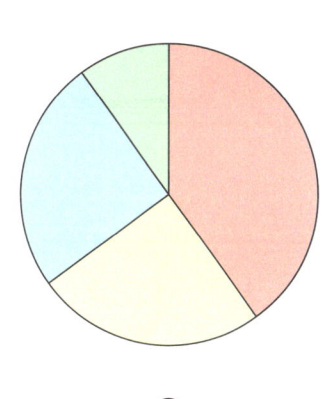 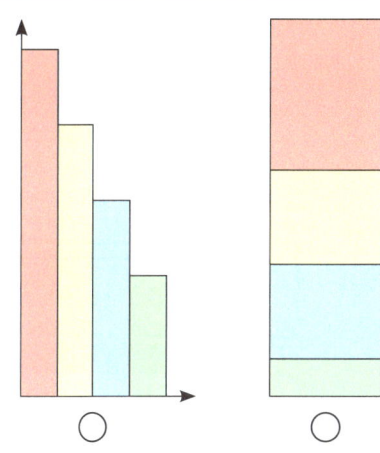

○   ○   ○   ○

b) Stimmt die Aussage? Kreuze an.

○ Die Hälfte der befragten Schüler
  spielt am liebsten Fußball.

○ 25 % der Jugendlichen spielen
  am liebsten Volleyball.

○ $\frac{1}{4}$ der Jugendlichen spielt am
  liebsten Basketball.

○ 10 % der Jugendlichen spielen am
  liebsten Handball.

2 Eine Befragung zum Leseverhalten in der Freizeit ergibt bei 400 Schülerinnen und Schü-
lern folgendes Ergebnis:

Ich lese oft und viel: 50 % der Schüler

Ich lese manchmal: $\frac{3}{8}$ der Schüler

Ich lese fast nie: $\frac{1}{8}$ der Schüler

a) Stelle die Verteilung in einem Schaubild
   dar.

b) Wie viele der befragten Schülerinnen
   und Schüler lesen fast nie?

   A: _____

3 Bei einer Umfrage unter 500 Jugendlichen zur *Gesunden Ernährung* wird gefragt, ob die
Empfehlungen zum Tagesbedarf verschiedener Lebensmittel eingehalten werden. In den
Tabellen steht, wie viele der Befragten jeweils mit *Ja* geantwortet haben.
Berechne die fehlenden Werte.

a)

Obst	
%	Schüler
100	500
1	5
80	

b)

Gemüse	
%	Schüler
100	500
1	
34	

c)

Brot und Getreide	
%	Schüler
100	
1	
69	

1 Ordne die Flächen nach der Größe.

2 Stimmt die Aussage? Kreuze an.
- ○ Die Fläche der Wandtafel ist doppelt so groß wie die Fläche des Buches.
- ○ Die Fläche des Tisches ist kleiner als die Fläche der Tafel.
- ○ Die Tür hat den größten Flächeninhalt.
- ○ Die Tischfläche lässt sich mit 11 Büchern vollständig auslegen.

3 Kleiner, größer oder gleich? Setze ein: <, > oder =

a) $5\ km^2$ ☐ $8\ cm^2$
    $10\ cm^2$ ☐ $1\ km^2$
    $9\ m^2$ ☐ $6\ mm^2$

b) $3\ mm^2$ ☐ $3\ cm^2$
    $100\ mm^2$ ☐ $1\ cm^2$
    $40\ mm^2$ ☐ $2\ cm^2$

c) $10\,000\ cm^2$ ☐ $1\ m^2$
    $100\ cm^2$ ☐ $1\ m^2$
    $6\,000\ cm^2$ ☐ $0,5\ m^2$

4 Setze die passende Einheit ein: m^2, cm^2 oder mm^2

623,7 _____   7 140 _____   5,8 _____   7 320 _____   41 785 _____

5 Stimmt die Aussage? Kreuze an.
- ○ Jeder Fußballplatz ist kleiner als $1\ km^2$.
- ○ Ein 10-Euro-Schein ist doppelt so groß wie ein 5-Euro-Schein.
- ○ Eine Tischtennisplatte ist größer als $4\ m^2$.
- ○ Manche Schulhefte sind größer als $600\ cm^2$.
- ○ Eine Briefmarke kann über $580\ mm^2$ groß sein.
- ○ Die Fläche eines Fußballplatzes wird größer, wenn man eine Seite verlängert.

1 Ali, Nico und Tim haben Zeichnungen ihrer Klassenräume angefertigt.

9,50 m

Ali

6 m

8 m

Nico

8 m

Tim

59 m²

5,9 m

Vervollständige die Tabelle. Welche Klasse hat den kleinsten Raum?

	Klassenraum von Ali	Klassenraum von Nico	Klassenraum von Tim
Seite a	9,50 m		
Seite b	6 m		
Flächeninhalt			

_____

2 Sinas Zimmer ist rechteckig und hat den Flächeninhalt 20 m². Eine Seite ist 4 m lang.
Auch Ayses Zimmer ist rechteckig. Eine Seite ist 5 m lang, die andere Seite misst 3,50 m.
Anna hat ein quadratisches Zimmer. Die Seitenlänge ist 4 m.
Vervollständige die Tabelle. Wer hat das größte Zimmer?

	Zimmer von Sina	Zimmer von Ayse	Zimmer von Anna
Seite a			
Seite b			
Flächeninhalt			

_____

3 Die rechteckige Wand einer Fabrikhalle (a = 20 m, b = 12 m) muss neu gestrichen werden.
Die Wand hat 2 gleich große Fenster (a = 2,5 m, b = 2 m).
a) Fertige eine Skizze der Fabrikwand an.
b) Wie groß ist die zu streichende Fläche?

a)

b)

A: _____

c) 1 Liter Farbe reicht für 10 m². Wie viel Liter Farbe werden für die Wand benötigt?

R: _____

A: _____

1 Welches Glas enthält am meisten Saft?

| 50 ml | 0,15 l | 0,1 l | 220 ml |

Orangensaft · Tomatensaft · Apfelsaft · Kirschsaft

2 Stimmt die Aussage? Kreuze an.

○ Es ist mehr als 0,2 l Kirschsaft vorhanden.

○ Gießt man noch 50 ml zum Tomatensaft hinzu, erhält man 200 ml.

○ Alle Getränke ergeben zusammen mehr als einen Liter.

○ Es ist doppelt so viel Apfelsaft wie Orangensaft vorhanden.

3 Vervollständige die Tabelle.

a)

400 ml	200 ml	
0,4 l		0,5 l

b)

1 l		0,5 l
1 000 cm³	2 500 cm³	

4 Setze die passende Einheit ein: l, cm³ oder m³

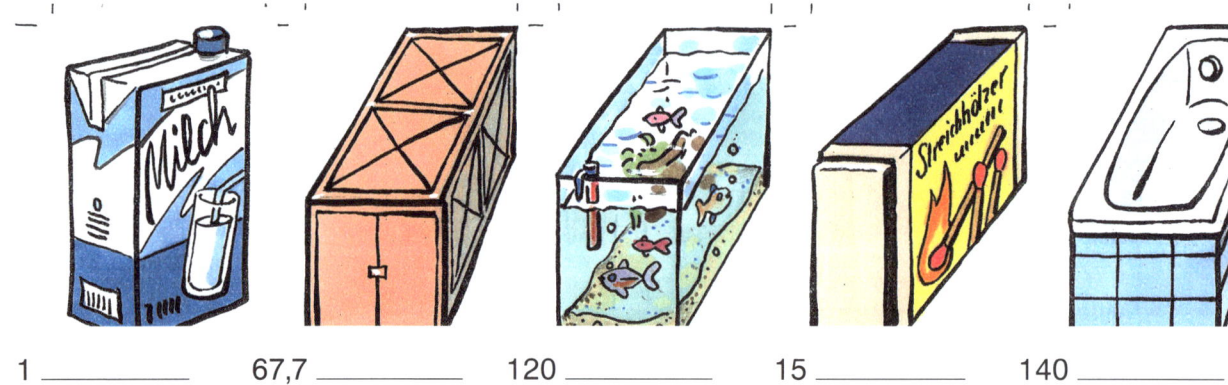

1 _____   67,7 _____   120 _____   15 _____   140 _____

5 Stimmt die Aussage? Kreuze an.

○ Eine Milchpackung kann ein Volumen von 1 000 cm³ haben.

○ In eine Badewanne können mehr als 140 l Wasser eingelassen werden.

○ Das Volumen eines Aquariums hängt von der Höhe des Beckens ab.

○ Ein Aquarium fasst weniger als 2 000 ml Wasser.

○ Das Volumen eines Schiffscontainers ist stets kleiner als 100 000 cm³.

○ Eine Zündholzschachtel kann mit mehr als 1 m³ Inhalt gefüllt werden.

Buntbarsche haben einen Wasserbedarf von ungefähr 9 l pro Fisch. Ein beliebter Aquariumsfisch ist der Schneckenbuntbarsch. Er bewohnt einzeln oder paarweise ein Schneckenhaus, das er zur Eiablage nutzt. Ein Gelege besteht in der Regel aus 10 Jungtieren. Bei einer Wassertemperatur von 26° Celsius fühlt sich der Fisch wohl.
Ähnliche Temperaturen herrschen in seiner Heimat, dem Tanganjika-See. Dort leben diese Tiere sogar in Tiefen bis zu 40 m. Deshalb sollte auch die Aquarientiefe ausreichend sein, wenn man im Zoohandel für 6,50 € einen Schneckenbuntbarsch kauft. In einem 60 cm tiefen Aquarium kann der Fisch bis zu 8 Jahre alt werden.

1 Kreuze die Fragen an, die du mit den Informationen aus dem Text beantworten kannst.

○ Wie viele Buntbarsche können in einem 54-l-Aquarium leben?

○ Wie groß muss das Schneckenhaus für die Eiablage sein?

○ Welche Temperatur sollte das Wasser im Aquarium haben?

○ Wie viele Arten von Buntbarschen leben im Tanganjika-See?

○ Wie viele Eier legt das Fischweibchen in das Schneckenhaus ab?

○ Wie viele Jungtiere gehören zu einem Gelege?

2 Ergänze die fehlenden Werte.

a) Ein Schneckenbuntbarsch hat einen Platzbedarf von ungefähr _____ l Wasser.

b) In ihrer afrikanischen Heimat leben die Buntbarsche in Wassertiefen bis zu _____ m.

c) Schneckenbuntbarsche können bis zu _____ Jahre alt werden.

3 In einem Aquarium leben 14 Schneckenbuntbarsche.

F: Wie viel Liter Wasser muss das Aquarium fassen?

A: _____

4 Ein Aquarium ist 100 cm lang, 50 cm breit und 90 cm tief.

F: Wie viele Schneckenbuntbarsche dürfen höchstens in das Becken gesetzt werden?

A: _____

5 Herr Falker kauft 6 Schneckenbuntbarsche. Er bezahlt mit einem 50-€-Schein.

F: _____

_____

A: _____

Problemlösen
Addieren und Subtrahieren

1 Die Summe der Zahlen in zwei nebeneinander liegenden Steinen steht im Stein darüber.

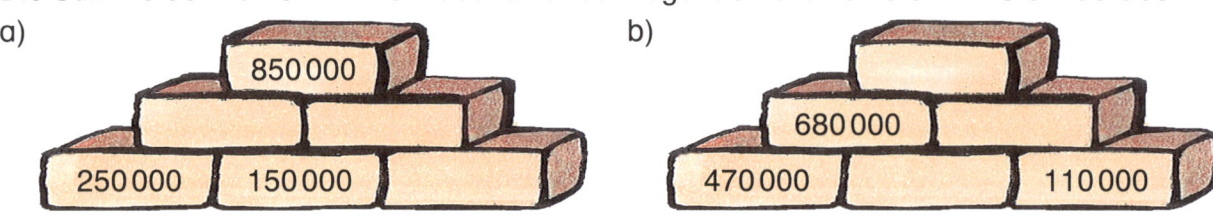

a)
850 000
250 000   150 000

b)
680 000
470 000   110 000

2

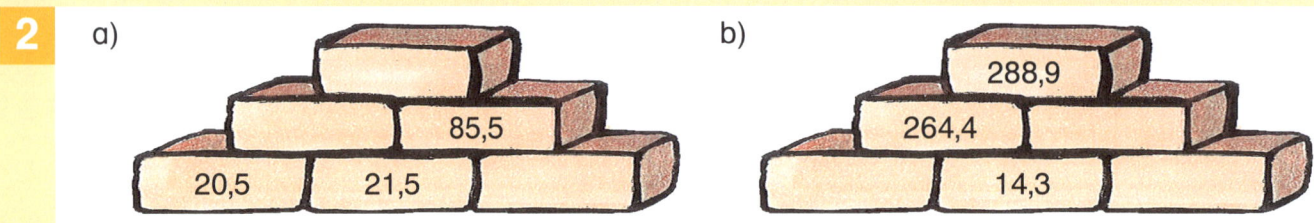

a)
85,5
20,5   21,5

b)
288,9
264,4
14,3

3 Trage die Zahlen richtig ein. Eine Zahl bleibt übrig.

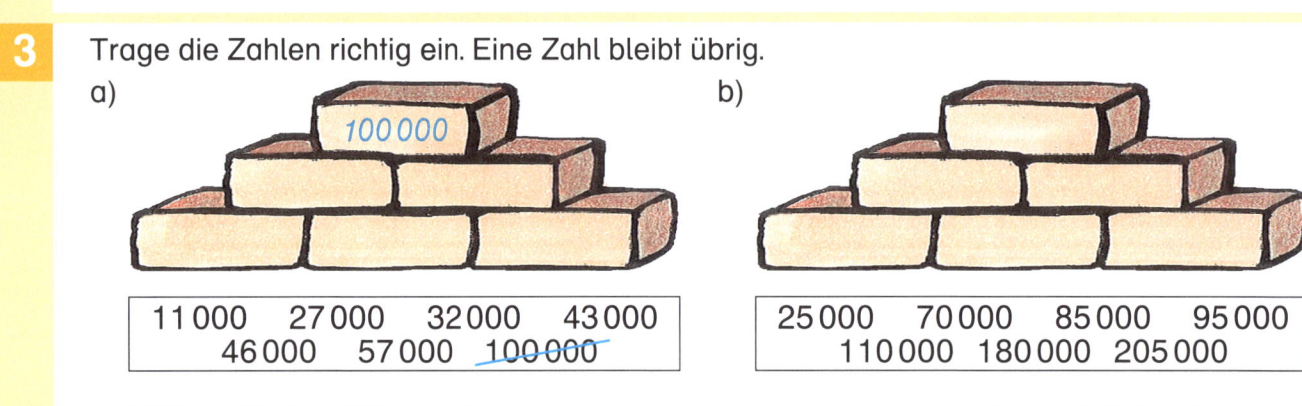

a)
100 000

| 11 000 | 27 000 | 32 000 | 43 000 |
| 46 000 | 57 000 | 100 000 |

b)

| 25 000 | 70 000 | 85 000 | 95 000 |
| 110 000 | 180 000 | 205 000 |

4

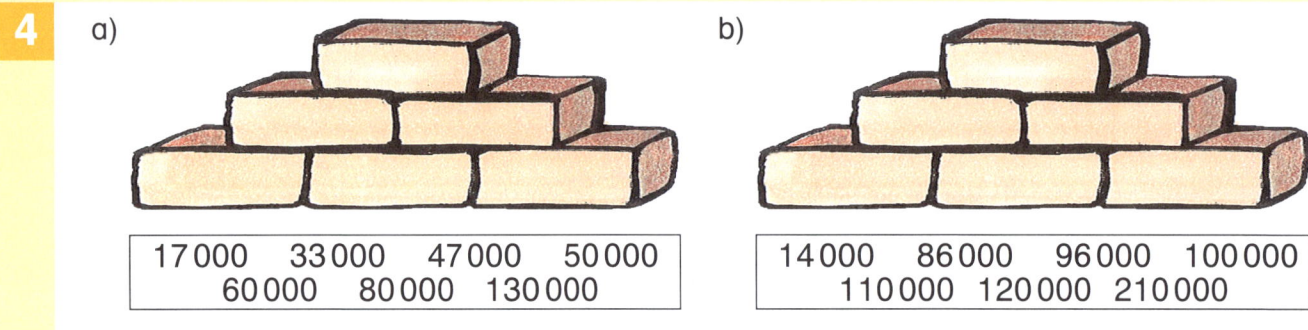

a)

| 17 000 | 33 000 | 47 000 | 50 000 |
| 60 000 | 80 000 | 130 000 |

b)

| 14 000 | 86 000 | 96 000 | 100 000 |
| 110 000 | 120 000 | 210 000 |

5 Wähle immer drei dieser vier Zahlen für die untere Schicht aus. Trage ein.

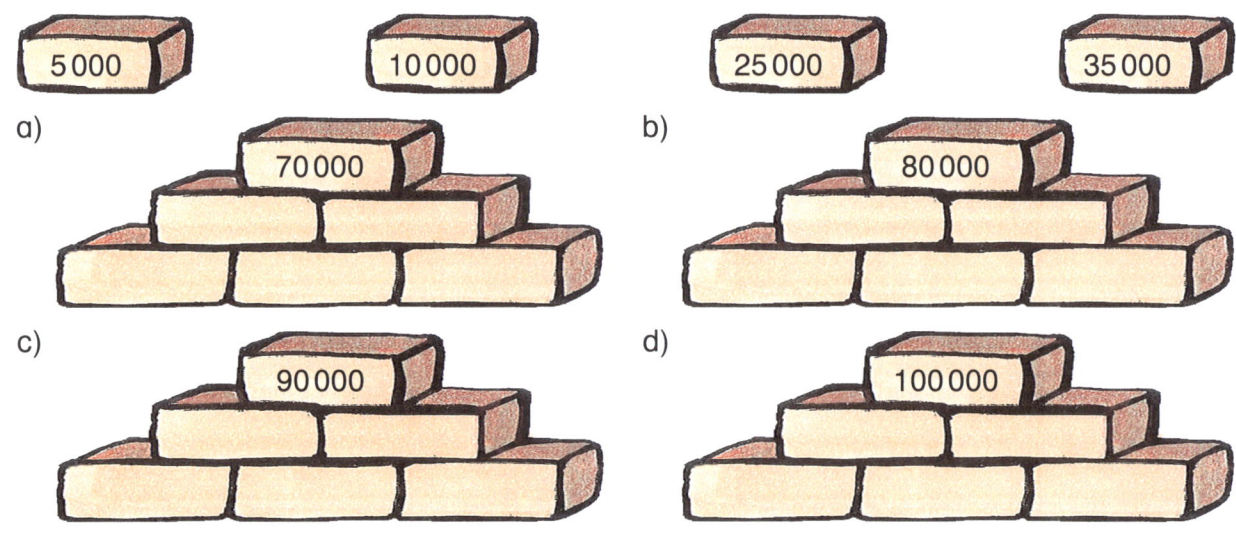

5 000   10 000   25 000   35 000

a)
70 000

b)
80 000

c)
90 000

d)
100 000

1 Vervollständige die Zahlenreihe.

a)

| 260 000 | 280 000 | | | | 360 000 | |

b)

| | | 805 000 | 815 000 | 825 000 | | |

c)

| 610 000 | 580 000 | | | | 460 000 | |

d)

| | 713 000 | 703 000 | | | | 663 000 |

2 Hier wird immer *plus* oder *minus* gerechnet. Trage ein.

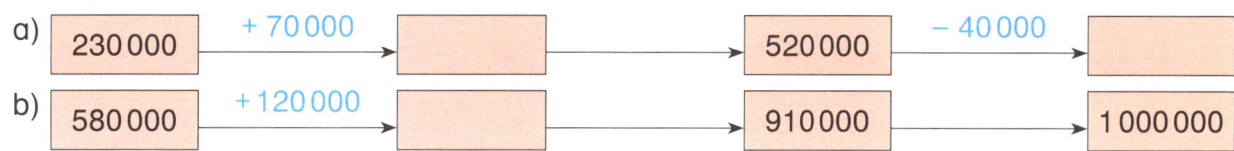

a) 230 000 → + 70 000 → [ ] → [ ] → 520 000 → − 40 000 → [ ]

b) 580 000 → + 120 000 → [ ] → [ ] → 910 000 → 1 000 000

3 Rechne aus. Wie heißen die anderen Aufgaben im Päckchen?

a) 240 000 + 90 000 = _____

250 000 + 80 000 = _____

260 000 + 70 000 = _____

270 000 + _____ = _____

_____ = _____

_____ = _____

b) 430 000 − 60 000 = _____

420 000 − 50 000 = _____

410 000 − 40 000 = _____

_____ − 30 000 = _____

_____ = _____

_____ = _____

4 Verbinde Aufgaben mit dem gleichen Ergebnis.

a)

99 998 + 7	100 020 − 7
99 980 + 27	100 010 − 5
99 995 + 18	100 020 − 16
99 997 + 7	100 010 − 3

b)

100 002 − 6	99 988 + 9
100 005 − 8	99 985 + 9
100 004 − 9	99 989 + 7
100 001 − 7	99 987 + 8

5 Wähle immer drei der Zahlen 1 000 3 000 4 000 6 000 aus.
Jede Zahl darfst du in jeder Aufgabe nur einmal verwenden.

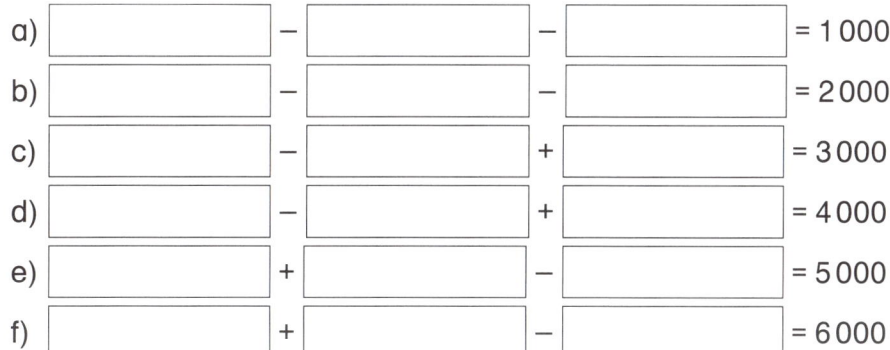

a) [ ] − [ ] − [ ] = 1 000

b) [ ] − [ ] − [ ] = 2 000

c) [ ] − [ ] + [ ] = 3 000

d) [ ] − [ ] + [ ] = 4 000

e) [ ] + [ ] − [ ] = 5 000

f) [ ] + [ ] − [ ] = 6 000

1 Vervollständige die Zahlenreihe.

a)

28,4	28,6	28,8						

b)

52,5		51,5				49,0	

c)

		70,8	70,2			67,8	

2 Hier wird immer *plus* oder *minus* gerechnet. Trage ein.

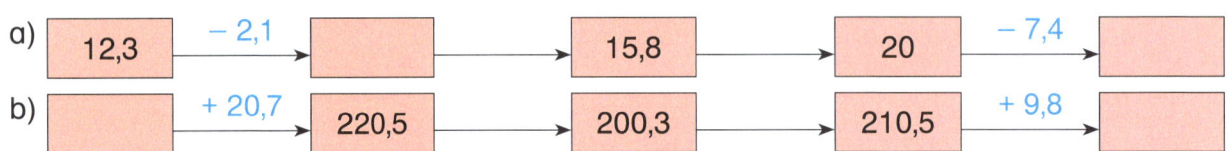

a) 12,3 → − 2,1 → ☐ → 15,8 → 20 → − 7,4 → ☐

b) ☐ → + 20,7 → 220,5 → 200,3 → 210,5 → + 9,8 → ☐

3 Rechne aus. Wie heißen die anderen Aufgaben im Päckchen?

a) 1,8 + 0,2 = _____   b) 5,7 + 1,2 = _____   c) 7,3 − 0,2 = _____   d) 8,4 − 1,5 = _____

1,8 + 0,4 = _____   5,6 + 1,4 = _____   7,3 − 0,4 = _____   8,3 − 1,6 = _____

1,8 + 0,6 = _____   5,5 + 1,6 = _____   7,3 − 0,6 = _____   8,2 − 1,7 = _____

1,8 + __ = _____   __ + 1,8 = _____   7,3 − __ = _____   __ − 1,8 = _____

_____ = _____   _____ = _____   _____ = _____   _____ = _____

_____ = _____   _____ = _____   _____ = _____   _____ = _____

4 Verbinde Aufgaben mit dem gleichen Ergebnis.

a)

25,8 + 4,2	35,4 + 14,6
44,5 + 5,5	70,3 + 4,7
49,9 + 25,1	14,5 + 15,5
32,3 + 11,2	21,4 + 22,1

b)

68,6 − 12,6	72,4 − 9,3
88,2 − 25,1	41,9 − 11,4
57,8 − 27,3	85,4 − 43,1
64,8 − 22,5	79,4 − 23,4

5 Wähle immer drei der Zahlen 1,2 0,8 0,6 0,2 aus.
Jede Zahl darfst du in jeder Aufgabe nur einmal verwenden.

a) ☐ − ☐ − ☐ = 0

☐ − ☐ − ☐ = 0,2

☐ − ☐ − ☐ = 0,4

☐ + ☐ − ☐ = 0,6

☐ + ☐ − ☐ = 0,8

☐ + ☐ − ☐ = 1,0

b) ☐ + ☐ − ☐ = 1,2

☐ + ☐ − ☐ = 1,4

☐ + ☐ + ☐ = 1,6

☐ + ☐ − ☐ = 1,8

☐ + ☐ + ☐ = 2,0

☐ + ☐ + ☐ = 2,2

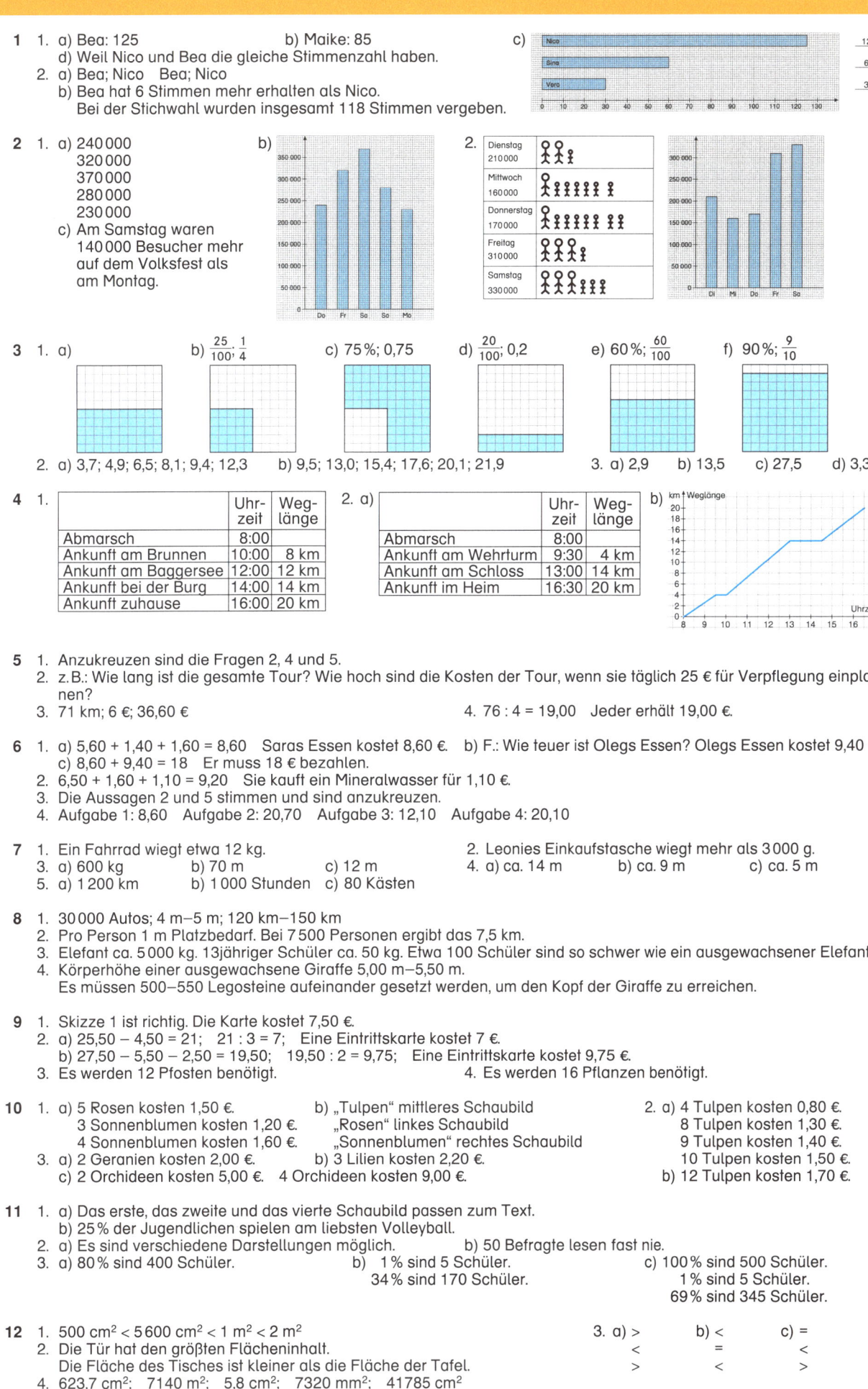

1 1. a) Bea: 125 b) Maike: 85
d) Weil Nico und Bea die gleiche Stimmenzahl haben.
2. a) Bea; Nico   Bea; Nico
b) Bea hat 6 Stimmen mehr erhalten als Nico.
Bei der Stichwahl wurden insgesamt 118 Stimmen vergeben.

c)

Nico	125
Sina	60
Vera	30

2 1. a) 240 000
320 000
370 000
280 000
230 000
c) Am Samstag waren 140 000 Besucher mehr auf dem Volksfest als am Montag.

b)

2.

Dienstag 210 000	
Mittwoch 160 000	
Donnerstag 170 000	
Freitag 310 000	
Samstag 330 000	

3 1. a)   b) $\frac{25}{100}$; $\frac{1}{4}$ c) 75 %; 0,75   d) $\frac{20}{100}$; 0,2   e) 60 %; $\frac{60}{100}$ f) 90 %; $\frac{9}{10}$

2. a) 3,7; 4,9; 6,5; 8,1; 9,4; 12,3   b) 9,5; 13,0; 15,4; 17,6; 20,1; 21,9   3. a) 2,9   b) 13,5   c) 27,5   d) 3,3

4 1.

	Uhr-zeit	Weg-länge
Abmarsch	8:00	
Ankunft am Brunnen	10:00	8 km
Ankunft am Baggersee	12:00	12 km
Ankunft bei der Burg	14:00	14 km
Ankunft zuhause	16:00	20 km

2. a)

	Uhr-zeit	Weg-länge
Abmarsch	8:00	
Ankunft am Wehrturm	9:30	4 km
Ankunft am Schloss	13:00	14 km
Ankunft im Heim	16:30	20 km

b)

5 1. Anzukreuzen sind die Fragen 2, 4 und 5.
2. z.B.: Wie lang ist die gesamte Tour? Wie hoch sind die Kosten der Tour, wenn sie täglich 25 € für Verpflegung einplanen?
3. 71 km; 6 €; 36,60 €   4. 76 : 4 = 19,00   Jeder erhält 19,00 €.

6 1. a) 5,60 + 1,40 + 1,60 = 8,60   Saras Essen kostet 8,60 €.   b) F.: Wie teuer ist Olegs Essen? Olegs Essen kostet 9,40 €.
c) 8,60 + 9,40 = 18   Er muss 18 € bezahlen.
2. 6,50 + 1,60 + 1,10 = 9,20   Sie kauft ein Mineralwasser für 1,10 €.
3. Die Aussagen 2 und 5 stimmen und sind anzukreuzen.
4. Aufgabe 1: 8,60   Aufgabe 2: 20,70   Aufgabe 3: 12,10   Aufgabe 4: 20,10

7 1. Ein Fahrrad wiegt etwa 12 kg.   2. Leonies Einkaufstasche wiegt mehr als 3 000 g.
3. a) 600 kg   b) 70 m   c) 12 m   4. a) ca. 14 m   b) ca. 9 m   c) ca. 5 m
5. a) 1 200 km   b) 1 000 Stunden   c) 80 Kästen

8 1. 30 000 Autos; 4 m–5 m; 120 km–150 km
2. Pro Person 1 m Platzbedarf. Bei 7 500 Personen ergibt das 7,5 km.
3. Elefant ca. 5 000 kg. 13jähriger Schüler ca. 50 kg. Etwa 100 Schüler sind so schwer wie ein ausgewachsener Elefant.
4. Körperhöhe einer ausgewachsene Giraffe 5,00 m–5,50 m.
Es müssen 500–550 Legosteine aufeinander gesetzt werden, um den Kopf der Giraffe zu erreichen.

9 1. Skizze 1 ist richtig. Die Karte kostet 7,50 €.
2. a) 25,50 – 4,50 = 21;   21 : 3 = 7;   Eine Eintrittskarte kostet 7 €.
b) 27,50 – 5,50 – 2,50 = 19,50;   19,50 : 2 = 9,75;   Eine Eintrittskarte kostet 9,75 €.
3. Es werden 12 Pfosten benötigt.   4. Es werden 16 Pflanzen benötigt.

10 1. a) 5 Rosen kosten 1,50 €.   b) „Tulpen" mittleres Schaubild   2. a) 4 Tulpen kosten 0,80 €.
3 Sonnenblumen kosten 1,20 €.   „Rosen" linkes Schaubild   8 Tulpen kosten 1,30 €.
4 Sonnenblumen kosten 1,60 €.   „Sonnenblumen" rechtes Schaubild   9 Tulpen kosten 1,40 €.
3. a) 2 Geranien kosten 2,00 €.   b) 3 Lilien kosten 2,20 €.   10 Tulpen kosten 1,50 €.
c) 2 Orchideen kosten 5,00 €.   4 Orchideen kosten 9,00 €.   b) 12 Tulpen kosten 1,70 €.

11 1. a) Das erste, das zweite und das vierte Schaubild passen zum Text.
b) 25 % der Jugendlichen spielen am liebsten Volleyball.
2. a) Es sind verschiedene Darstellungen möglich.   b) 50 Befragte lesen fast nie.
3. a) 80 % sind 400 Schüler.   b) 1 % sind 5 Schüler.   c) 100 % sind 500 Schüler.
34 % sind 170 Schüler.   1 % sind 5 Schüler.
69 % sind 345 Schüler.

12 1. 500 cm² < 5 600 cm² < 1 m² < 2 m²   3. a) >   b) <   c) =
2. Die Tür hat den größten Flächeninhalt.   <   =   <
Die Fläche des Tisches ist kleiner als die Fläche der Tafel.   >   <   >
4. 623,7 cm²;   7140 m²;   5,8 cm²;   7320 mm²;   41785 cm²

12 5. Jeder Fußballplatz ist kleiner als 1 km². Manche Schulhefte sind größer als 600 cm².
Eine Briefmarke kann über 580 mm² groß sein. Eine Tischtennisplatte ist größer als 4 m².
Die Fläche eines Fußballplatzes wird größer, wenn man eine Seite verlängert.

13 1.

	Klassenraum von Ali	Klassenraum von Nico	Klassenraum von Tim
Seite a	9,50 m	8 m	10 m
Seite b	6 m	8 m	5,90 m
Flächeninhalt	57 m²	64 m²	59 m²

Der Klassenraum von Ali ist am kleinsten.

3. b) Die zu streichende Fläche beträgt 230 m².

2.

	Zimmer von Sina	Zimmer von Ayse	Zimmer von Anna
Seite a	4 m	5 m	4 m
Seite b	5 m	3,50 m	4 m
Flächeninhalt	20 m²	17,50 m²	16 m²

Das größte Zimmer hat Sina.

c) Es werden 23 Liter Farbe benötigt.

14 1. Es ist am meisten Kirschsaft vorhanden.
2. Es ist mehr als 0,2 l Kirschsaft vorhanden.
Gießt man noch 50 ml zum Tomatensaft hinzu, erhält man 200 ml.
Es ist doppelt so viel Apfelsaft wie Orangensaft vorhanden.
4. 1 l; 67,7 m³; 120 l; 15 cm³; 140 l
5. Eine Milchpackung kann ein Volumen von 1 000 cm³ haben.
In eine Badewanne können mehr als 140 l Wasser eingelassen werden.
Das Volumen eines Aquariums hängt von der Höhe des Beckens ab.

3. a)

400 ml	200 ml	500 ml
0,4 l	0,2 l	0,5 l

b)

1 l	2,5 l	0,5 l
1 000 cm³	2 500 cm³	500 cm³

15 1. Wie viele Buntbarsche können in einem 54-l-Aquarium leben?
Welche Temperatur sollte das Wasser im Aquarium haben?
Wie viele Jungtiere gehören zu einem Gelege?
3. Das Aquarium muss 126 l Wasser fassen.
4. In das Becken dürfen höchstens 50 Buntbarsche gesetzt werden.
5. z.B.: Wie viel Euro erhält Herr Falker zurück? Herr Falker erhält 11 € zurück.

2. a) 9 l Wasser
b) 40 m
c) 8 Jahre alt

16 1. a)

	850 000	
400 000		450 000
250 000	150 000	300 000

b)

	1 000 000	
680 000		320 000
470 000	210 000	110 000

2. a)

	127,5	
42		85,5
20,5	21,5	64

b)

	288,9	
264,4		24,5
250,1	14,3	10,2

3. a)

	100 000	
57 000		43 000
46 000	11 000	32 000

b)

	205 000	
110 000		95 000
85 000	25 000	70 000

4. a)

	130 000	
50 000		80 000
17 000	33 000	47 000

b)

	210 000	
110 000		100 000
96 000	14 000	86 000

5. a)

	70 000	
30 000		40 000
25 000	5 000	35 000

b)

	80 000	
35 000		45 000
25 000	10 000	35 000

c)

	90 000	
30 000		60 000
5 000	25 000	35 000

d)

	100 000	
40 000		60 000
5 000	35 000	25 000

17 1. a) 260 000; 280 000; 300 000; 320 000; 340 000; 360 000; 380 000
b) 785 000; 795 000; 805 000; 815 000; 825 000; 835 000; 845 000
c) 610 000; 580 000; 550 000; 520 000; 490 000; 460 000; 430 000
d) 723 000; 713 000; 703 000; 693 000; 683 000; 673 000; 663 000

2. a) $230\,000 \xrightarrow{+70\,000} 300\,000 \xrightarrow{+220\,000} 520\,000 \xrightarrow{-40\,000} 480\,000$
b) $580\,000 \xrightarrow{+120\,000} 700\,000 \xrightarrow{+210\,000} 910\,000 \xrightarrow{+90\,000} 1\,000\,000$

3. a) 240 000 + 90 000 = 330 000
250 000 + 80 000 = 330 000
260 000 + 70 000 = 330 000
270 000 + 60 000 = 330 000
280 000 + 50 000 = 330 000
290 000 + 40 000 = 330 000

b) 430 000 − 60 000 = 370 000
420 000 − 50 000 = 370 000
410 000 − 40 000 = 370 000
400 000 − 30 000 = 370 000
390 000 − 20 000 = 370 000
380 000 − 10 000 = 370 000

5. a) 6 000 − 4 000 − 1 000 = 1 000
d) 6 000 − 3 000 + 1 000 = 4 000
b) 6 000 − 3 000 − 1 000 = 2 000
e) 6 000 + 3 000 − 4 000 = 5 000
c) 6 000 − 4 000 + 1 000 = 3 000
f) 4 000 + 3 000 − 1 000 = 6 000

4. a) 99 998 + 7 = 100 010 − 5
99 980 + 27 = 100 010 − 3
99 995 + 18 = 100 020 − 7
99 997 + 7 = 100 020 − 16

b) 100 002 − 6 = 99 989 + 7
100 005 − 8 = 99 988 + 9
100 004 − 9 = 99 987 + 8
100 001 − 7 = 99 985 + 9

18 1. a) 28,4; 28,6; 28,8; 29,0; 29,2; 29,4; 29,6; 29,8; 30,0
b) 52,5; 52,0; 51,5; 51,0; 50,5; 50,0; 49,5; 49,0; 48,5
c) 72,0; 71,4; 70,8; 70,2; 69,6; 69,0; 68,4; 67,8; 67,2

2. a) $12,3 \xrightarrow{-2,1} 10,2 \xrightarrow{+5,6} 15,8 \xrightarrow{+4,2} 20 \xrightarrow{-7,4} 12,6$
b) $199,8 \xrightarrow{+20,7} 220,5 \xrightarrow{-20,2} 200,3 \xrightarrow{+10,2} 210,5 \xrightarrow{+9,8} 220,3$

3. a) 1,8 + 0,2 = 2,0
1,8 + 0,4 = 2,2
1,8 + 0,6 = 2,4
1,8 + 0,8 = 2,6
1,8 + 1,0 = 2,8
1,8 + 1,2 = 3,0

b) 5,7 + 1,2 = 6,9
5,6 + 1,4 = 7,0
5,5 + 1,6 = 7,1
5,4 + 1,8 = 7,2
5,3 + 2,0 = 7,3
5,2 + 2,2 = 7,4

c) 7,3 − 0,2 = 7,1
7,3 − 0,4 = 6,9
7,3 − 0,6 = 6,7
7,3 − 0,8 = 6,5
7,3 − 1,0 = 6,3
7,3 − 1,2 = 6,1

d) 8,4 − 1,5 = 6,9
8,3 − 1,6 = 6,7
8,2 − 1,7 = 6,5
8,1 − 1,8 = 6,3
8,0 − 1,9 = 6,1
7,9 − 2,0 = 5,9

4. a) 25,8 + 4,2 = 14,5 + 15,5
44,5 + 5,5 = 35,4 + 14,6
49,9 + 25,1 = 70,3 + 4,7
32,3 + 11,2 = 21,4 + 22,1
b) 68,6 − 12,6 = 79,4 − 23,4
88,2 − 25,1 = 72,4 − 9,3
57,8 − 27,3 = 41,9 − 11,4
64,8 − 22,5 = 85,4 − 43,1

5. a) 0,8 − 0,6 − 0,2 = 0
1,2 − 0,8 − 0,2 = 0,2
1,2 − 0,6 − 0,2 = 0,4
1,2 + 0,2 − 0,8 = 0,6
1,2 + 0,2 − 0,6 = 0,8
0,6 + 1,2 − 0,8 = 1,0

b) 0,8 + 0,6 − 0,2 = 1,2
1,2 + 0,8 − 0,6 = 1,4
0,8 + 0,6 + 0,2 = 1,6
1,2 + 0,8 − 0,2 = 1,8
1,2 + 0,6 + 0,2 = 2,0
1,2 + 0,8 + 0,2 = 2,2

23 1. a)

·	300	500	30
600	180 000	300 000	18 000
400	120 000	200 000	12 000
700	210 000	350 000	21 000

b)

·	500	80	60
30	15 000	2 400	1 800
50	25 000	4 000	3 000
900	450 000	72 000	54 000

2. a)

:	2	6	9
1 800	900	300	200
540	270	90	60
36 000	18 000	6 000	4 000

b)

:	2	3	5
600	300	200	120
1 500	7 500	500	300
45 000	22 500	15 000	9 000

23 3. a) $3000 \xrightarrow{\cdot 2} 6000 \xrightarrow{\cdot 5} 30000 \xrightarrow{:60} 500$ 4. a) $4800 : 6 = 1600 : 2$ b) $270000 : 30 = 18000 : 2$

b) $400 \xrightarrow{\cdot 800} 320000 \xrightarrow{:40} 8000 \xrightarrow{\cdot 5} 40000$ $16000 : 200 = 3200 : 40$ $6300 : 9 = 560000 : 800$

c) $450000 \xrightarrow{:90} 5000 \xrightarrow{\cdot 60} 300000 \xrightarrow{\cdot 3} 900000$ $48000 : 6 = 24000 : 4$ $35000 : 500 = 2100 : 30$

5. $3 \cdot 6000 = 600 \cdot 30 = 9 \cdot 2000 = 300 \cdot 60$ 6. a) $800 \cdot 30$ b) $90 \cdot 400$ c) $4 \cdot 30000$ d) $800 \cdot 400$

$40 \cdot 60 = 12 \cdot 200 = 30 \cdot 80 = 400 \cdot 6$ $20 \cdot 1200$ $4000 \cdot 9$ $200 \cdot 600$ $40 \cdot 8000$

$80 \cdot 300 = 60 \cdot 400 = 2 \cdot 12000 = 30 \cdot 800$ $4 \cdot 6000$ $3000 \cdot 12$ $6000 \cdot 20$ $2 \cdot 160000$

24 1. a)

·	10	20	5
0,6	6	1,2	3
0,7	7	1,4	3,5
0,9	9	1,8	4,5

b)

·	0,4	1,1	0,5
8	3,2	8,8	4,0
3	1,2	3,3	1,5
100	40	110	50

2. a) $7 \cdot 0,3 = 3 \cdot 0,7$ b) $4 \cdot 2,1 = 2 \cdot 4,2$ c) $20,2 : 2 = 30,3 : 3$

$9 \cdot 0,8 = 8 \cdot 0,9$ $2 \cdot 3,3 = 3 \cdot 2,2$ $15,5 : 5 = 18,6 : 6$

$5 \cdot 2,2 = 2 \cdot 5,5$ $2 \cdot 3,6 = 6 \cdot 1,2$ $24,8 : 4 = 12,4 : 2$

$5 \cdot 1,5 = 3 \cdot 2,5$ $3 \cdot 1,2 = 2 \cdot 1,8$ $42,7 : 7 = 48,8 : 8$

3. a) $3 \cdot 0,4 = 1,2$ b) $0,7 \cdot 6 = 4,2$ c) $1,3 \cdot 5 = 6,5$

$3 \cdot 4 = 12$ $0,7 \cdot 60 = 42$ $1,3 \cdot 50 = 65$

$3 \cdot 40 = 120$ $0,7 \cdot 600 = 420$ $1,3 \cdot 500 = 650$

$3 \cdot 400 = 1200$ $0,7 \cdot 6000 = 4200$ $1,3 \cdot 5000 = 6500$

$3 \cdot 4000 = 12000$ $0,7 \cdot 60000 = 42000$ $1,3 \cdot 50000 = 65000$

$3 \cdot 40000 = 120000$ $0,7 \cdot 600000 = 420000$ $1,3 \cdot 500000 = 650000$

4. $\frac{1}{4}$ von $8 = \frac{1}{8}$ von $16 = \frac{1}{10}$ von $20 = \frac{1}{2}$ von 4; $\frac{2}{3}$ von $9 = \frac{1}{8}$ von $48 = \frac{1}{2}$ von $12 = \frac{3}{4}$ von 8

$\frac{1}{5}$ von $25 = \frac{1}{4}$ von $20 = \frac{1}{3}$ von $15 = \frac{1}{10}$ von 50; $\frac{1}{2}$ von $20 = \frac{1}{10}$ von $100 = \frac{1}{3}$ von $30 = \frac{2}{3}$ von 15.

5. a) $2 \cdot 0,8$ b) $6 \cdot 0,7$ c) $5 \cdot 0,5$ d) $7 \cdot 0,8$ e) $5 \cdot 1,2$

$4 \cdot 0,4$ $2 \cdot 2,1$ $10 : 4$ $2 \cdot 2,8$ $2,4 : 0,4$

$3,2 : 2$ $12,6 : 3$ $5 : 2$ $11,2 : 2$ $12 \cdot 0,5$

25 1. a) $23,5 + 4,5$ b) $67,4 - 22,4$ c) 50% von 64 d) $24,9 - 8,4$

$36,7 - 8,7$ 10% von 450 $\frac{1}{3}$ von 96 $\frac{1}{2}$ von 33

$\frac{1}{2}$ von 56 $43,2 + 1,8$ $40,5 - 8,5$ $3 \cdot 5,5$

$3,5 \cdot 8$ $0,9 \cdot 50$ $1,6 \cdot 20$ $66 : 4$

2. a) $5 \xrightarrow{\cdot 0,8} 4,0 \xrightarrow{+0,8} 4,8 \xrightarrow{:8} 0,6 \xrightarrow{\cdot 10} 6$ b) $7,2 \xrightarrow{:9} 0,8 \xrightarrow{+8,7} 9,5 \xrightarrow{-3,1} 6,4 \xrightarrow{\cdot 2} 12,8$ c) $10,5 \xrightarrow{+10,5} 21 \xrightarrow{\cdot 5} 105 \xrightarrow{:10} 10,5 \xrightarrow{:10} 1,05$

3. a)

3	0,5	4
3,5	2,5	1,5
1	4,5	2

b)

0,8	1,8	0,4
0,6	1	1,4
1,6	0,2	1,2

c)

3,2	0,4	2,4
1,2	2	2,8
1,6	3,6	0,8

d)

1,8	0,8	1
0,4	1,2	2
1,4	1,6	0,6

4.

2,7	0,8	1,5
	2,8	
	1,4	

0,6	3,9	0,5
	2,5	
1,9	1,6	1,5

1,1
2,5
6,4	3,6

1,2
4,7
2,1	5,9

5. a) $125; 250; 50; 100; 20; 40; 8; 16; 3,2; 6,4$ b) $250; 500; 100; 200; 40; 80; 16; 32; 6,4; 12,8$

c) $62,5; 125; 25; 50; 10; 20; 4; 8; 1,6; 3,2$ d) $25; 50; 10; 20; 4; 8; 1,6; 3,2; 0,64; 1,28$

26 1. a) $10,5$ g   b) $22,5$ g   c) $8,3$ g   2. a) $5,5$ g   b) $5,5$ g   c) $10,5$ g

3. a) 3 g   b) $1,5$ g   c) $6,5$ g   4. a) $9,5$ g   b) $10,5$ g   c) $20,6$ g

5. a) ● $4,2$ g ▲ 10 g   b) ▭ $10,1$ g ▱ $20,2$ g   c) ⬠ $6,3$ g ◗ $4,2$ g

27 1. a) $12,5$ b) $22,5$ c) 13 2. 11; $11 \xrightarrow{:2} 5,5 \xrightarrow{+0,5} 6$; $11 \xleftarrow{\cdot 2} 5,5 \xleftarrow{-0,5} 6$

3. a) Die gesuchte Zahl ist 10. b) Die gesuchte Zahl ist 24. c) Die gesuchte Zahl ist 7,5. d) Die gesuchte Zahl ist 9,6.

4. Die gesuchte Zahl ist 15.   5. a) Die gesuchte Zahl ist 6,4.   b) Die gesuchte Zahl ist 2,22.

28 1.

□	○	△	▯
2	4	8	1	0

2.

▽	○	△	◇	▮	♡	⬠	▷	○	▯
4	2	6	5	1	3	8	0	7	9

3.

△	□	○	◇	○	⬠	▮	♡	▷	▽
6	3	9	7	1	4	2	0	8	5

4.

○	□	△	◇	○	♡	⬠	▷	▽	▮
7	9	3	8	2	6	4	1	0	5

29 1. Insgesamt waren es 30 Gäste.   2. Das Klassenfest besuchten 36 Gäste.

3. Das Schulfest hatte 70 Besucher.   4. Das Schulfest hatte 102 Gäste.

5. a) Am Samstag waren 60 Menschen und 60 Hunde auf der Hundeschau.

b) Am Sonnstag waren 55 Menschen und 60 Hunde auf der Hundeschau.

6. Hannah wiegt 54 kg und Lulu 4 kg. Zusammen wiegen sie 58 kg.

30 1. a)   b)   c)   d)   e)   f)

2. a)   b)   c)   d)

31 1. a) $70°$ b) $110°$ c) $33°$

Im Uhrzeigersinn unten links beginnend.

2. a) $25°; 25°; 60°; 95°; 85°; 70°$ b) $75°; 10°; 15°; 80°; 85°; 95°$ c) $80°; 75°; 105°; 60°; 15°; 25°$

3. a) $70°; 40°; 25°; 45°; 110°; 70°$ b) $33°; 33°; 48°; 66°; 66°; 114°$

4. a) $40°; 90°; 50°; 40°; 90°; 50°$ b) $90°; 35°; 125°; 55°; 90°; 35°; 55°; 125°; 55°$ c) $70°; 50°; 40°; 90°; 50°; 60°; 70°; 90°; 20°$

32 1. a) $A_1 = 6$ cm²; $A_2 = 4$ cm²; $A_3 = 6$ cm²   b) $A_1 = 4$ cm² $A_2 = 14$ cm² $A_3 = 5$ cm²

2. a) rote Fläche: 8 cm²; weiße Fläche: 8 cm²   b) rote Fläche: 6 cm²; weiße Fläche: 10 cm²

c) rote Fläche: 8 cm²; weiße Fläche: 8 cm²

3. a) $10,5$ cm²   b) 13 cm²

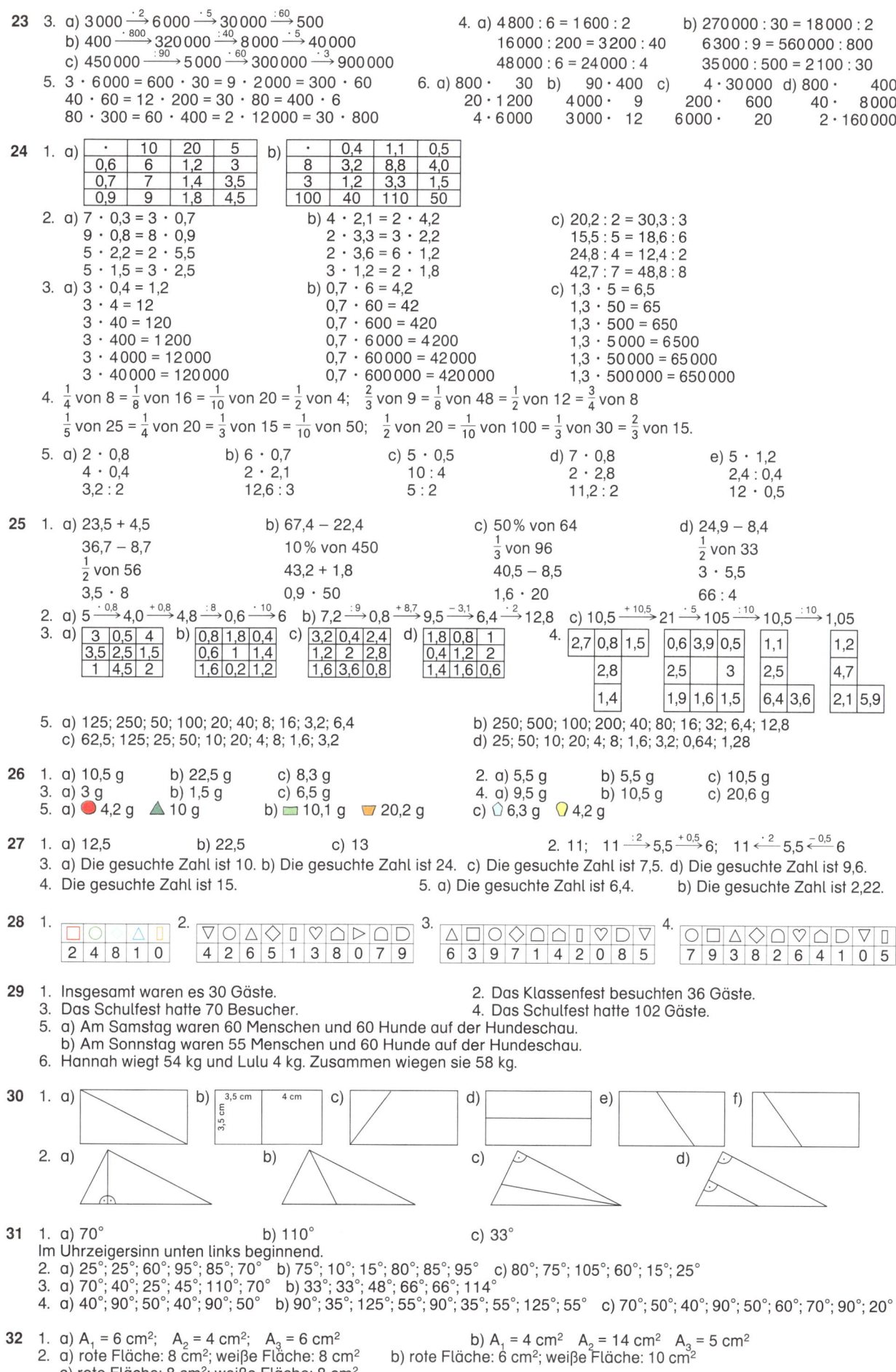

33 1. Seitenlängen des Rechtecks: 6 cm und 2 cm. Es gibt weitere Möglichkeiten.
2. Seitenlängen des Rechtecks (in cm) a) 6 und 2,5 b) 4 und 3 c) 7,5 und 1 d) 6 und 1,5 e) 6,5 und 2
Es gibt für jede Teilaufgabe weitere Möglichkeiten.

34 1. A: 13; B: 15; C: 10; D: 9; E: 18; F: 15; G: 13; H: 12; 1: 14; 2: 15; 3: 18; 4: 14; 5: 12; 6: 9; 7: 12; 8: 17
2. A, 4; B, 5; C, 8; D, 3; E, 6; F, 7; G, 1; H, 2
3. Aus 64 gleichen Würfeln kann man einen großen Würfel bauen, ohne dass ein Würfel übrig bleibt.

35 1. a) b) c) 2. a) b) c)

36 1. a)

20

10	10

5	5	5

b)

24

12	12

6	6	6

c)

56

28	28

14	14	14

d)

68

34	34

17	17	17

b) Die obere Zahl ist immer das Vierfache der unteren Zahl.

c)

32

16	16

8	8	8

b)

48

24	24

12	12	12

c)

88

44	44

22	22	22

d)

100

50	50

25	25	25

2. a) die obere Zahl ist kein Vielfaches von 4.
b) z. B.

37

25	12

17	8	4

3. a) Es gibt keine Lösung, denn 54 ist kein Vielfaches von 4.
b) z. B.

54

30	24

20	10	14

4. a)

49

21	28

8	13	15

51

28	23

13	15	8

44

23	21

15	8	13

44

21	23

13	8	15

51

23	28

8	15	13

49

28	21

15	13	8

b) Wenn man unten die äußeren Zahlen vertauscht, bleibt die obere Zahl gleich.
Die obere Zahl ist am größten, wenn unten die größte Zahl in der Mitte steht.

37 1. a) Länge: 5 cm, Breite: 2 cm b) $A = 10\ cm^2$; $u = 14\ cm$ c) Länge: 10 cm, Breite: 4 cm; $A = 40\ cm^2$; $u = 28\ cm$
2. Wenn man alle Seitenlängen eines Rechtecks verdoppelt, …
… vervierfacht sich der Flächeninhalt.
… verdoppelt sich der Umfang.
Wenn man alle Seitenlängen eines Rechtecks halbiert, …
… ist der neue Flächeninhalt $\frac{1}{4}$ des alten.
… halbiert sich der Umfang.
3. Alle drei Parallelogramme haben den gleichen Flächeninhalt 10 cm². Der Umfang ist verschieden: 13 cm; 14 cm; 13,4 cm.
4. Alle Parallelogramme mit gleicher Grundseite und gleicher Höhe haben denselben Flächeninhalt.
Es gibt Parallelogramme mit gleichem Flächeninhalt, deren Umfang unterschiedlich ist.

38 1. a) $V = 27\ cm^3$; $O = 54\ cm^2$ b) $V = 216\ cm^3$; $O = 216\ cm^2$
2. Wenn man die Kantenlänge eines Würfels verdoppelt, …
… wird das Volumen achtmal so groß.
… vervierfacht sich die Oberfläche.
3. Alle drei Quader haben das gleiche Volumen 216 cm³. Die Oberfläche ist verschieden: 228 cm²; 252 cm²; 216 cm².
4. Quader mit gleichem Volumen können verschieden große Oberflächen haben.
Von allen Quadern mit gleichem Volumen hat der Würfel die kleinste Oberfläche.

39 1. 20 + 5 addieren; 20 − 5 subtrahieren; 20 · 5 multiplizieren; 20 : 5 dividieren
2. 30 · 5 = 150 Produkt; 30 − 5 = 25 Differenz; 30 + 5 = 35 Summe
3. $\frac{1}{2} = \frac{1 \cdot 2}{2 \cdot 2} = \frac{2}{4}$ Der Bruch wird mit 2 erweitert. $\frac{4}{6} = \frac{4:2}{6:2} = \frac{2}{3}$ Der Bruch wird durch 2 gekürzt.
$\frac{1}{5} + \frac{1}{5} = \frac{2}{5}$ Das Doppelte des Bruchs wird berechnet.
4. $\frac{1}{2}$; 225 € $\frac{1}{4}$; 120 € $\frac{1}{10}$; 67 € $\frac{1}{100}$; 8,90 € 5. Ich dividiere 32 durch 4. 0,25 · 32 = 32 : 4 = 8
6. a) 0,25 · 84 = 21 b) 0,25 · 484 = 121 c) 0,25 · 328 = 82 d) 0,25 · 848 = 212

40 1. a) Im Ergebnis wurde das Komma falsch gesetzt. b) Der Übertrag wurde nicht beachtet.
c) 7 · 4 wurde falsch berechnet. d) Es wurde nicht mit der 0 gerechnet.
2. a) $\frac{1}{4} = 0,25$ b) richtig c) richtig d) $\frac{3}{4} = 0,75$ e) $\frac{1}{8} = 0,125$ f) richtig g) richtig h) richtig
3. 75 %; richtig; richtig; 25 %
4. a) Fehler beim Addieren b) Fehler beim Kürzen c) Fehler beim Kürzen
d) Fehler beim Kürzen e) Fehler beim Addieren f) Fehler beim Addieren
5. a) $\frac{1}{5} + \frac{2}{5} = \frac{3}{5}$ b) $\frac{3}{4} + \frac{1}{4} = 1$ c) richtig d) $\frac{1}{2} + \frac{1}{2} = 1$

1 Trage die fehlenden Zahlen ein.

a)

·	300	500	
600			
400			12 000
	210 000		

b)

·		80	
30	15 000		
		4 000	
900			54 000

2

a)

:	2	6	9
1 800			
540			
36 000			

b)

:	2	3	5
600			
		500	
			9 000

3 Hier wird immer *mal* oder *geteilt* gerechnet. Trage ein.

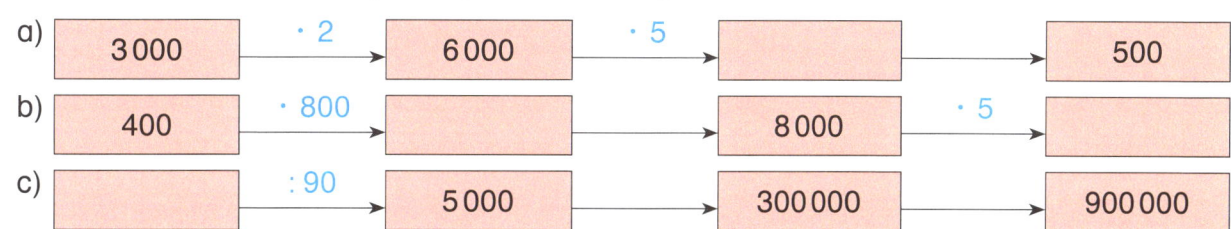

a) 3 000 · 2 → 6 000 · 5 → → 500

b) 400 · 800 → → 8 000 · 5 →

c) : 90 → 5 000 → 300 000 → 900 000

4 Verbinde mit der Aufgabe, die das gleiche Ergebnis hat.

a)

4 800 : 6   24 000 : 4

16 000 : 200   1 600 : 2

48 000 : 8   3 200 : 40

b)

270 000 : 30   2 100 : 30

6 300 : 9   18 000 : 2

35 000 : 500   560 000 : 800

5 Immer vier Aufgaben haben das gleiche Ergebnis. Verbinde.

3 · 6 000   12 · 200   30 · 80   300 · 60

40 · 60   600 · 30   9 · 2 000   30 · 800

80 · 300   60 · 400   2 · 12 000   400 · 6

6 Alle Aufgaben haben als Ergebnis die Zahl im roten Feld. Trage die fehlenden Zahlen ein.

a)

24 000

800 · _____
20 · _____
4 · _____

b)

36 000

90 · _____
4 000 · _____
3 000 · _____

c)

120 000

4 · _____
200 · _____
6 000 · _____

d)

320 000

800 · _____
40 · _____
2 · _____

1 Trage die fehlenden Zahlen ein.

a)

·		20	5
0,6	6		
0,7			
			4,5

b)

·	0,4		
	3,2	8,8	
3			1,5
	40		

2 Trage die fehlenden Zahlen ein.

a) $7 \cdot 0,3 = 3 \cdot$ _____

$9 \cdot 0,8 = 8 \cdot$ _____

$5 \cdot 2,2 =$ _____ $\cdot 5,5$

$5 \cdot 1,5 =$ _____ $\cdot 2,5$

b) $4 \cdot 2,1 = 2 \cdot$ _____

$2 \cdot 3,3 = 3 \cdot$ _____

$2 \cdot 3,6 =$ _____ $\cdot 1,2$

$3 \cdot 1,2 =$ _____ $\cdot 1,8$

c) $20,2 : 2 = 30,3 :$ _____

$15,5 : 5 = 18,6 :$ _____

$24,8 : 4 = 12,4 :$ _____

$42,7 : 7 = 48,8 :$ _____

3 Rechne aus. Wie heißen die anderen Aufgaben im Päckchen?

a) $3 \cdot 0,4 =$ _____

$3 \cdot 4 \ \ =$ _____

$3 \cdot 40 =$ _____

$3 \cdot$ ___ $=$ _____

_____ $=$ _____

_____ $=$ _____

b) $0,7 \cdot \ \ 6 =$ _____

$0,7 \cdot \ \ 60 =$ _____

$0,7 \cdot 600 =$ _____

_____ $=$ _____

_____ $=$ _____

_____ $=$ _____

c) $1,3 \cdot \ \ 5 =$ _____

$1,3 \cdot \ \ 50 =$ _____

$1,3 \cdot 500 =$ _____

_____ $=$ _____

_____ $=$ _____

_____ $=$ _____

4 Immer vier Aufgaben haben das gleiche Ergebnis. Verbinde.

$\frac{1}{4}$ von 8	$\frac{1}{8}$ von 48	$\frac{1}{3}$ von 15	$\frac{1}{10}$ von 50
$\frac{2}{3}$ von 9	$\frac{1}{10}$ von 100	$\frac{1}{10}$ von 20	$\frac{1}{2}$ von 4
$\frac{1}{5}$ von 25	$\frac{1}{4}$ von 20	$\frac{1}{3}$ von 30	$\frac{3}{4}$ von 8
$\frac{1}{2}$ von 20	$\frac{1}{8}$ von 16	$\frac{1}{2}$ von 12	$\frac{2}{3}$ von 15

5 Alle Aufgaben haben als Ergebnis die Zahl im roten Feld.
Trage die fehlenden Zahlen ein.

a)

1,6
$2 \cdot$ _____
_____ $\cdot 0,4$
$3,2 :$ _____

b)

4,2
$6 \cdot$ _____
_____ $\cdot 2,1$
$12,6 :$ _____

c)

2,5
$5 \cdot$ _____
$10 :$ _____
$5 :$ _____

d)

5,6
$7 \cdot$ _____
_____ $\cdot 2,8$
$11,2 :$ _____

e)

6
_____ $\cdot 1,2$
_____ $: 0,4$
_____ $\cdot 0,5$

1 Alle Aufgaben haben als Ergebnis die Zahl im roten Feld.
Trage die fehlenden Zahlen ein.

a)
28

23,5 + _____

36,7 − _____

$\frac{1}{2}$ von _____

3,5 · _____

b)
45

67,4 − _____

10% von _____

43,2 + _____

0,9 · _____

c)
32

50% von _____

$\frac{1}{3}$ von _____

40,5 − _____

1,6 · _____

d)
16,5

24,9 − _____

$\frac{1}{2}$ von _____

3 · _____

66 : _____

2 *Plus* oder *minus*, *mal* oder *geteilt*. Trage ein.

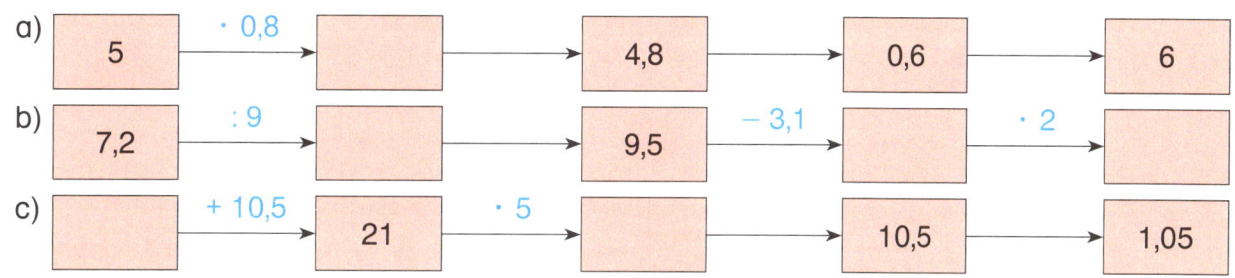

a) 5 → · 0,8 → ☐ → → 4,8 → → 0,6 → → 6

b) 7,2 → : 9 → ☐ → → 9,5 → − 3,1 → ☐ → · 2 → ☐

c) ☐ → + 10,5 → 21 → · 5 → ☐ → → 10,5 → → 1,05

3 Von links nach rechts, von oben nach unten und auch schräg gibt es dieselbe Summe.

a) Summe **7,5**

	0,5	4
	4,5	

b) Summe **3**

	1,8	
	1	
1,6		

c) Summe **6**

3,2	0,4	
	3,6	

d) Summe **3,6**

1,8		1
	1,2	

4 Setze die Zahlen ein. Bei jeder Figur sollen waagerecht nebeneinander liegende Felder dieselbe Summe ergeben wie senkrecht übereinander liegende Felder.

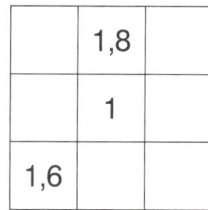

	0,8	1,5
	2,8	

0,8 1,4 2,7

0,6	3,9	
1,9		

0,5 1,5 1,6 2,5 3

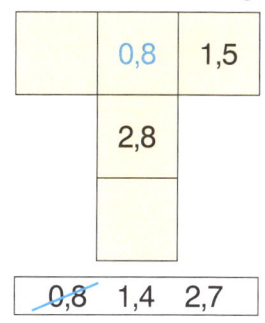

1,1	

2,5 3,6 6,4

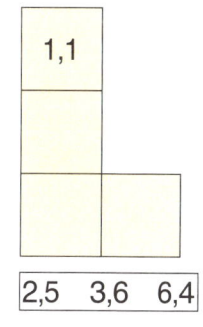
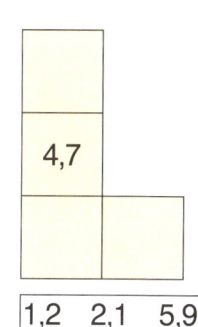

	☐
4,7	

1,2 2,1 5,9

5 Immer abwechselnd · 2, dann : 5. Trage die Zahlen ein.

a)
125	250	50	100					

b)
250	500	100						

c)
62,5	125	25						

d)
25	50	10						

1   Wie viel Gramm wiegt eine Nuss?

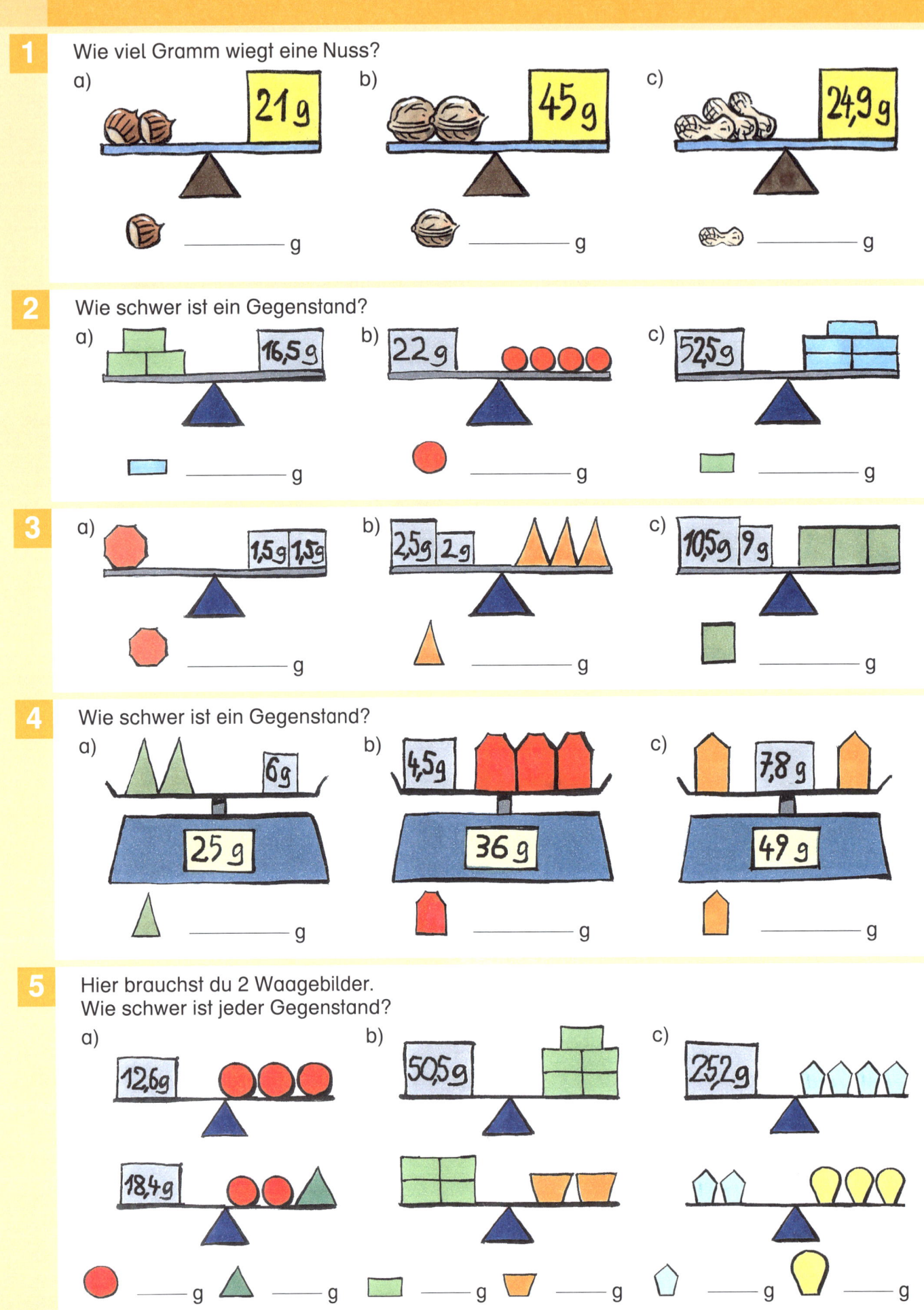

a)   21 g   _____ g

b)   45 g   _____ g

c)   24,9 g   _____ g

2   Wie schwer ist ein Gegenstand?

a)   16,5 g   _____ g

b)   22 g   _____ g

c)   52,5 g   _____ g

3

a)   1,5 g 1,5 g   _____ g

b)   2,5 g 2 g   _____ g

c)   10,5 g 9 g   _____ g

4   Wie schwer ist ein Gegenstand?

a)   6 g   25 g   _____ g

b)   4,5 g   36 g   _____ g

c)   7,8 g   49 g   _____ g

5   Hier brauchst du 2 Waagebilder.
Wie schwer ist jeder Gegenstand?

a)   12,6 g   18,4 g   _____ g   _____ g

b)   50,5 g   _____ g   _____ g

c)   25,2 g   _____ g   _____ g

1 Wie heißt die gesuchte Zahl?

a)  Von meiner Zahl subtrahiere ich 5 und erhalte 7,5.

b)  Das Doppelte meiner Zahl ist 45.

c)  Ich halbiere meine Zahl und erhalte 6,5.

_____   _____   _____

2 Tonio halbiert eine Zahl, addiert dann 0,5 und erhält das Ergebnis 6.

Anna zeichnet zu Tonios Rätsel ein Bild.
Sie findet Tonios Zahl durch Rückwärts-
rechnen.
Wie heißt Tonios Zahl?

A: _____

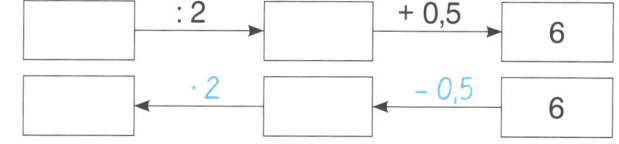

3 Ergänze das Bild zum Zahlenrätsel, dann rechne rückwärts. Wie heißt die gesuchte Zahl?

a) Ich teile meine Zahl durch 4, addiere dann 2,5 und erhalte das Ergebnis 5.

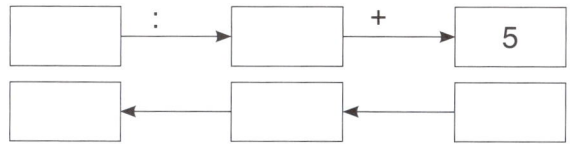

Die gesuchte Zahl ist _____.

b) Ich teile meine Zahl durch 3, addiere dann 1,6 und erhalte das Ergebnis 9,6.

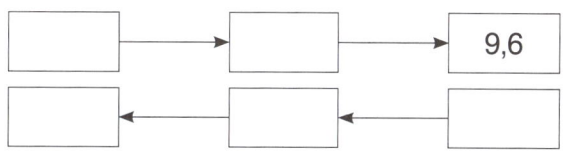

Die gesuchte Zahl ist _____.

c) Ich verdopple meine Zahl, subtrahiere dann 1,5 und erhalte 13,5.

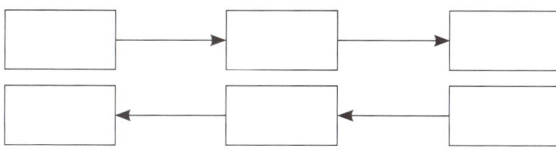

Die gesuchte Zahl ist _____.

d) Vom Fünffachen meiner Zahl subtrahiere ich 2,5 und erhalte 45,5.

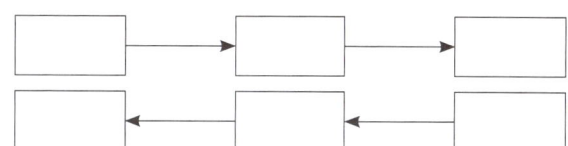

Die gesuchte Zahl ist _____.

4 Ich halbiere meine Zahl, addiere dann 2,5, verdopple das Ergebnis, subtrahiere vom neuen Ergebnis 7 und erhalte 13.

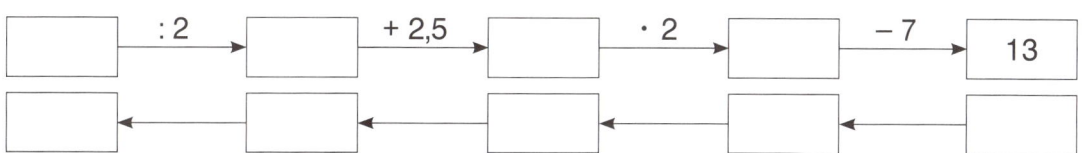

Die gesuchte Zahl ist _____.

5 Wie heißt die gesuchte Zahl?

a) Die Zahl hat eine Stelle nach dem Komma.
   Sie ist größer als 6,3 und kleiner als 6,5.   Die gesuchte Zahl ist _____.

b) Die Zahl liegt zwischen 2 und 3.
   Sie hat eine Stelle vor dem Komma und zwei
   Stellen danach. Alle Ziffern sind gleich.   Die gesuchte Zahl ist _____.

1 Gleiche Zeichen stehen für die gleiche Ziffer. Trage ein.

a) ☐ + ☐ = ④

◯ · ☐ = ◇

☐ + ◇ = △☐

☐	◯	◇	△	☐
	4			

b) △☐ + △☐ = ☐☐

☐☐ − ☐ − ◇ = △☐

☐☐ : ☐ = △☐

2

a)
```
  ▽△◯◯
+   △▽◯
─────────
  ◇◯△▽
```

b)
```
  ▽◯☐◇
+   △◯☐
─────────
  ▽△⌂♡△
```

c)
```
  ♡◯☐◇
+ △◇☐◇
─────────
  ⌓⌂♡▷
```

▽	◯	△	◇	☐	♡	⌂	▷	⌓	⌂
4									

3

a)
```
  ⌂☐△◯△
−   ◯☐☐
─────────
  ◇△☐
```

b)
```
  △◯⌂◇
− ⌂☐ ☐☐
─────────
  ▽◇☐⌂
```

c)
```
  ▽⌂⌓△
− ☐▽☐△
─────────
  ☐◯△♡
```

△	☐	◯	◇	⌂	⌂	☐	♡	⌓	▽
6									

4

a)
```
◇☐◯◯ · ⑦
─────────
♡⌂◇△☐
```

b)
```
☐⌂⌂♡ · ☐
─────────
◇☐▽⌓⌂
```

◯	☐	△	◇	⌂	♡	⌂	⌓	▽	☐
7									

1 Die Hälfte der Gäste auf Leas Party geht vor 23 Uhr.
Die übrigen 15 Gäste gehen später.
Ergänze das Streckenbild.
Wie viele Gäste sind es insgesamt?

vor 23 Uhr gehen   nach 23 Uhr gehen

_____   _____

A: _____

2 Bei einem Klassenfest geht ein Drittel der Gäste vor 21 Uhr.
Die übrigen 24 Gäste gehen später.
Ergänze das Streckenbild.
Wie viele Gäste besuchen das Klassenfest?

vor 21 Uhr gehen   nach 21 Uhr gehen

_____   _____

A: _____

3 Zum Schulfest kamen viele Besucher. Die Hälfte der Gäste
verließ das Fest vor 18 Uhr. Weitere 15 Personen verließen
das Fest um 19 Uhr. Die übrigen 20 Gäste gingen später.
Ergänze das Streckenbild.
Wie viele Besucher hatte das Schulfest insgesamt?

A: _____

4 Beim Schulfest der Rhein-Schule ging ein Drittel der Gäste
vor 18 Uhr. Weitere 33 Personen gingen um 19.30 Uhr. Die
übrigen 35 Gäste blieben sogar bis 21 Uhr.
Wie viele Gäste hatte das Schulfest insgesamt?
Ein Streckenbild kann dir helfen.

A: _____

5 Am Wochenende fand in Rheinberg eine Hunde-Schau statt.
a) Am Samstag hatte jeder Besucher einen Hund dabei.
   Insgesamt liefen 360 Beine in der Halle herum.
   Wie viele Menschen und wie viele Hunde waren am
   Samstag auf der Hunde-Schau?

   A: _____

b) Am Sonntag hatten 5 Besucher sogar zwei Hunde dabei,
   alle anderen Besucher nur einen Hund. Alle Menschen
   und Hunde zusammen hatten 350 Beine.
   Wie viele Menschen und wie viele Hunde waren da?

   A: _____

Zusammen haben wir 6 Beine.

6 Das Gewicht von Hannah und ihrem Hund
kannst du durch Probieren finden.

Lulu	Hannah	zusammen

Zusammen 58 kg. Ich wiege mehr als   *wiegen wir 50 kg Lulu.*

Hannah wiegt _____ kg. Lulu wiegt _____ kg.

1 Zerlege das Rechteck mit einer geraden Linie. Diese Figuren sollen entstehen:

a) Zwei Dreiecke

b) Ein Rechteck und ein Quadrat

c) Ein Dreieck und ein Trapez

d) Zwei gleiche Rechtecke

e) Zwei gleiche Trapeze

f) Zwei verschiedene Trapeze

2 Das Dreieck ist rechtwinklig. Zerlege das Dreieck mit einer geraden Linie. Diese Figuren sollen entstehen:

a) Zwei rechtwinklige Dreiecke

b) Ein spitzwinkliges Dreieck und ein stumpfwinkliges Dreieck

c) Ein rechtwinkliges Dreieck und ein stumpfwinkliges Dreieck

d) Ein rechtwinkliges Dreieck und ein Trapez

1 In jedem Dreieck beträgt die Winkelsumme 180°.
Trage den fehlenden Winkel ein.

a)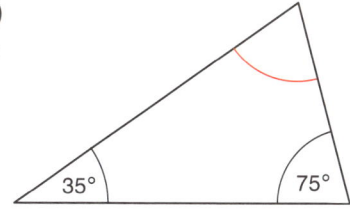

b)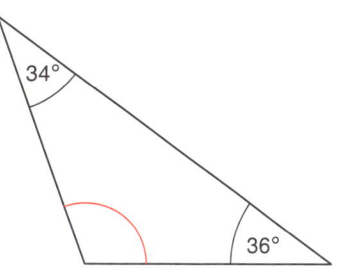

c)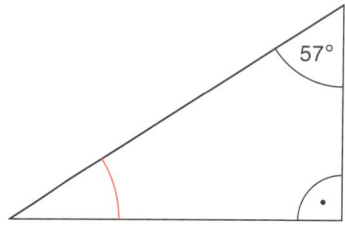

2 Beachte die Winkelsumme in jedem Teildreieck. Wie groß sind die markierten Winkel?
Trage ein.

a)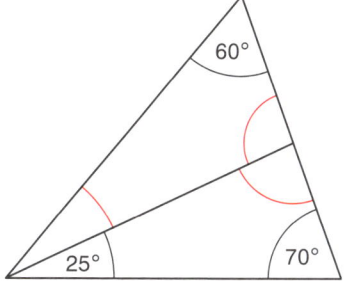

b)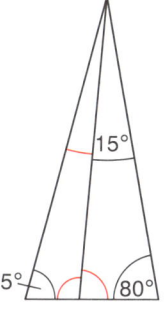

c)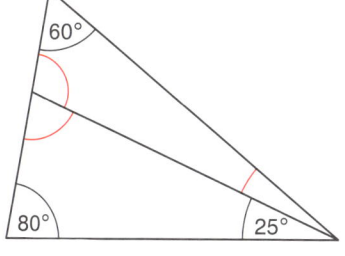

3 Das Dreieck ist in besondere Teildreiecke zerlegt. Die grünen Strecken sind gleich lang.
Trage die fehlenden Winkel ein.

a)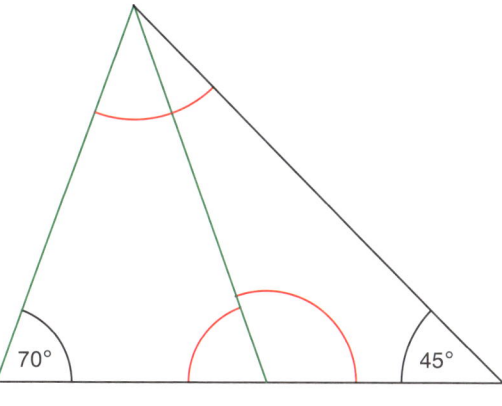

b)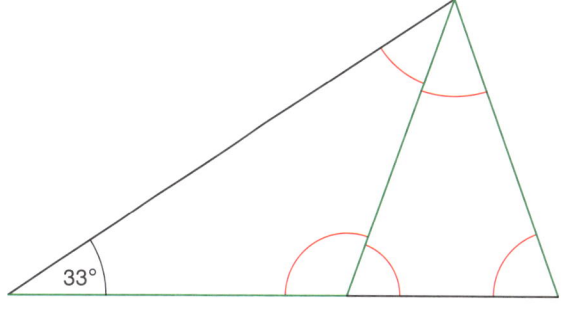

4 Das Rechteck ist in Teilfiguren zerlegt. Trage die fehlenden Winkel ein.

a)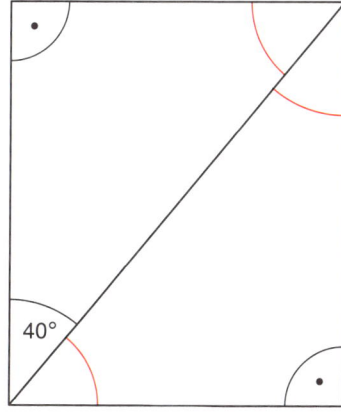

b)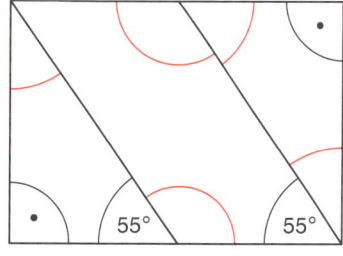

c)

1 Berechne die Flächen A_1, A_2, A_3.

a)

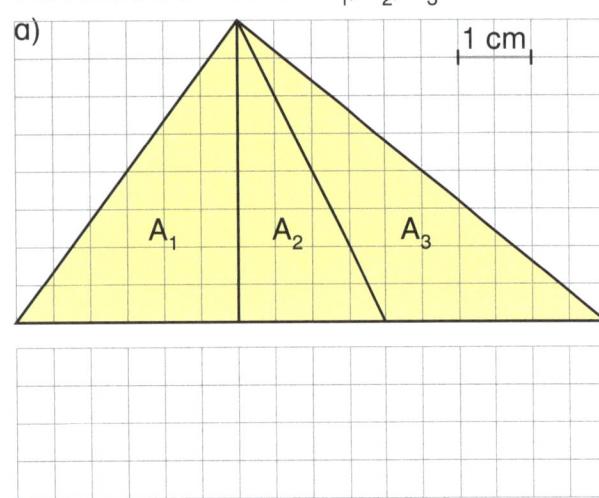

1 cm

b)

$A_1 =$ _____ $A_2 =$ _____ $A_3 =$ _____ $A_1 =$ _____ $A_2 =$ _____ $A_3 =$ _____

2 Wie groß ist die rote Fläche, wie groß die weiße?

a)

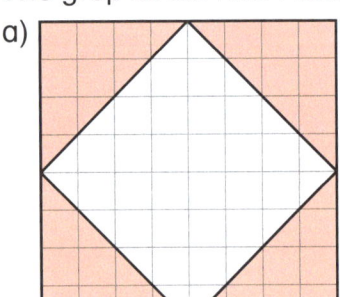

b)

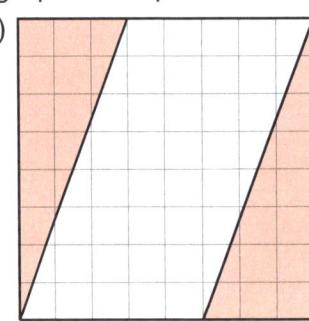

c)

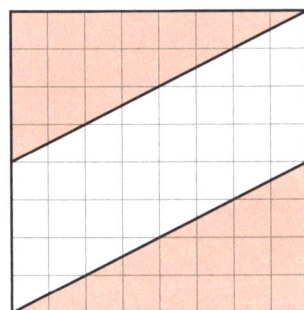

rote Fläche: _____   rote Fläche: _____   rote Fläche: _____

weiße Fläche: _____   weiße Fläche: _____   weiße Fläche: _____

3 Bestimme den Flächeninhalt des weißen Dreiecks.

a)

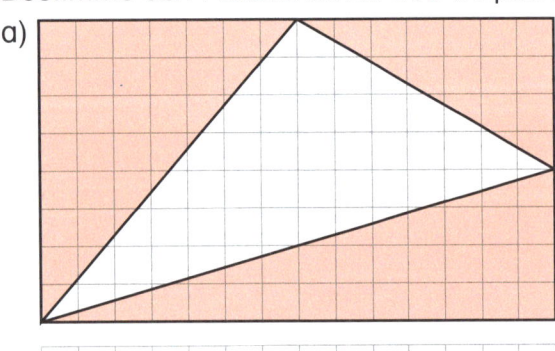

b)

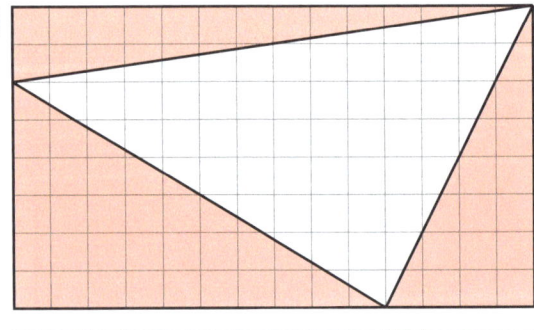

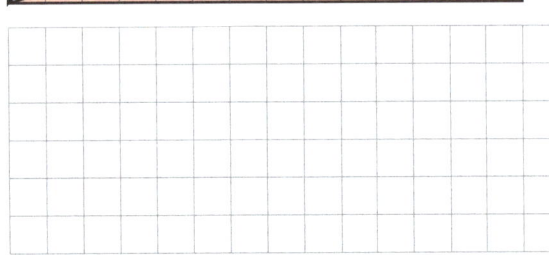

A = _____   A = _____

1 Zeichne zu dem Parallelogramm ein Rechteck mit dem gleichen Flächeninhalt.

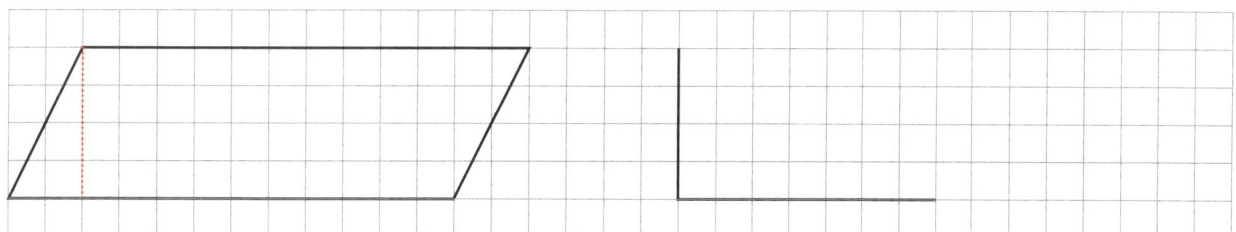

2 Zeichne zu jeder Figur ein Rechteck mit dem gleichen Flächeninhalt.

a)

b)

c)

d)

e)

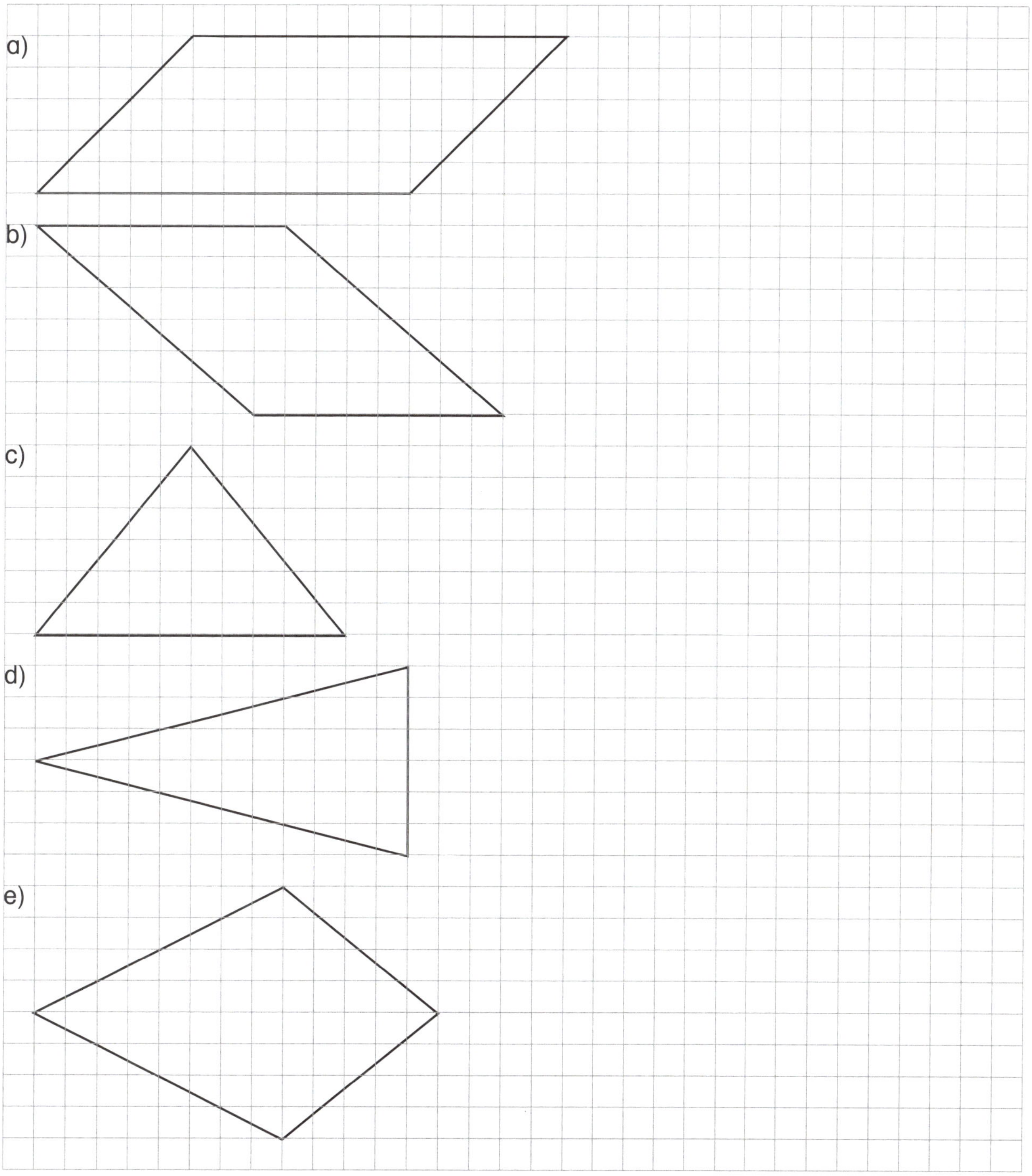

1 Wie viele kleine Würfel wurden für jedes Würfelgebäude gebraucht?

A   B   C   D

_____   _____   _____   _____

E   F   G   H

_____   _____   _____   _____

1   2   3   4

_____   _____   _____   _____

5   6   7   8

_____   _____   _____   _____

2 Immer zwei der Würfelgebäude kannst du zu einem großen Würfel zusammensetzen.
Schreibe auf, welche Würfelgebäude zusammengehören.

A, 4   B, ____   C, ____   D, ____   E, ____   F, ____   G, ____   H, ____

3 Stimmt die Aussage? Kreuze an.
○ Aus 6 gleichen Würfeln kann man einen großen Würfel bauen.
○ Aus 64 gleichen Würfeln kann man einen großen Würfel bauen, ohne dass ein Würfel
   übrig bleibt.

Schnitte durch einen Würfel

1 Ein Schnitt zerlegt den Würfel in zwei Teile.
Die Schnittlinie für eine Fläche ist bereits eingezeichnet.
Vervollständige die Schnittlinie im Würfelnetz.

a)

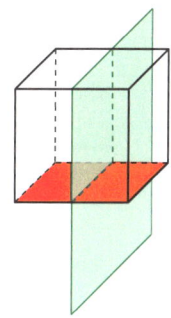

b)

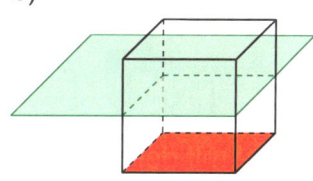

c)

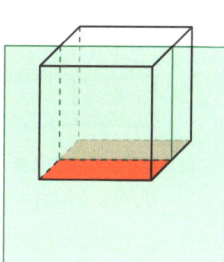

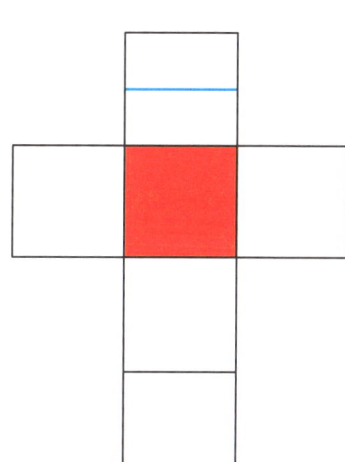

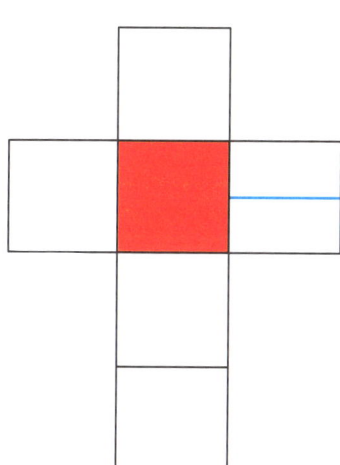

2 Zur Schnittlinie gehören zwei Kanten.
Vervollständige die Schnittlinie im Würfelnetz.

a)

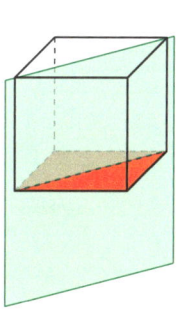

b)

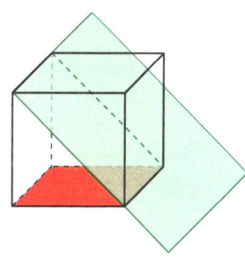

c)

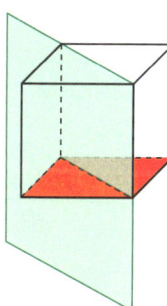

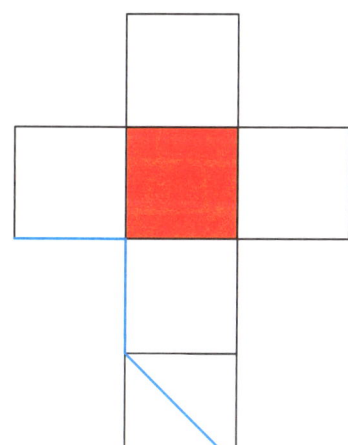

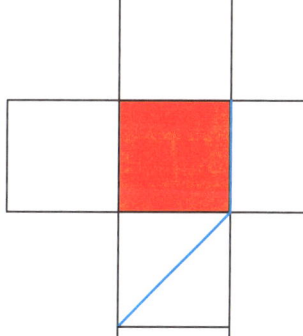

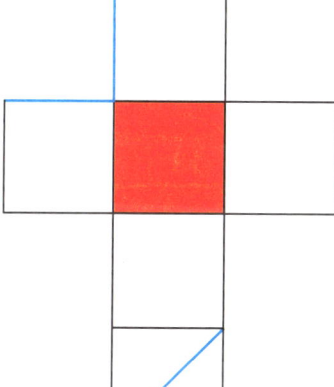

1 a) In den Steinen der unteren Schicht steht bei jeder Pyramide immer dieselbe Zahl. Bestimme die fehlenden Zahlen.

b) Vergleiche immer die untere Zahl mit der oberen Zahl. Was stimmt? Kreuze an.

◯ Die obere Zahl ist das Vierfache der unteren Zahl.

◯ Die obere Zahl ist immer durch 3 teilbar.

c) In der unteren Schicht soll immer dieselbe Zahl stehen. Ergänze die fehlenden Zahlen.

2 a) Warum kann bei dieser Pyramide in der unteren Schicht nicht immer dieselbe Zahl stehen?

_____

b) Findest du eine Lösung, wenn in der unteren Schicht verschiedene Zahlen stehen dürfen?

3 a) Gibt es bei dieser Pyramide eine Lösung, bei der in der unteren Schicht immer dieselbe Zahl steht? Begründe.

_____

b) Findest du eine Lösung, wenn in der unteren Schicht verschiedene Zahlen stehen dürfen?

4 a) Ergänze die fehlenden Zahlen.

b) Immer die gleichen Zahlen in der unteren Schicht. Was stimmt? Kreuze an.

◯ Wenn man unten die äußeren Zahlen vertauscht, bleibt die obere Zahl gleich.

◯ Die obere Zahl ist am größten, wenn unten die größte Zahl in der Mitte steht.

◯ Werden unten die linke und die mittlere Zahl vertauscht, bleibt die obere Zahl gleich.

1   a) Miss die Länge und die Breite des Rechtecks. Trage die Maße ein.
b) Berechne Flächeninhalt und Umfang des Rechtecks.

$A = a \cdot b$ $u = 2 \cdot a + 2 \cdot b$

$A =$ _____ $u =$ _____

$A =$ _____ $u =$ _____

c) Zeichne ein Rechteck, dessen Seiten doppelt so lang sind.
Berechne Flächeninhalt und Umfang.

$A =$ _____ $u =$ _____

2   Stimmt die Aussage? Kreuze an.

Wenn man alle Seitenlängen eines Rechtecks verdoppelt,

○ verdoppelt sich der Flächeninhalt.   ○ verdoppelt sich der Umfang.

○ vervierfacht sich der Flächeninhalt.   ○ vervierfacht sich der Umfang.

Wenn man alle Seitenlängen eines Rechtecks halbiert,

○ halbiert sich der Flächeninhalt.   ○ halbiert sich der Umfang.

○ ist der neue Flächeninhalt $\frac{1}{4}$ des alten.   ○ wird der Umfang um 2 cm kleiner.

3   Berechne für jedes der Parallelogramme den Flächeninhalt und den Umfang.
Was stellst du fest?

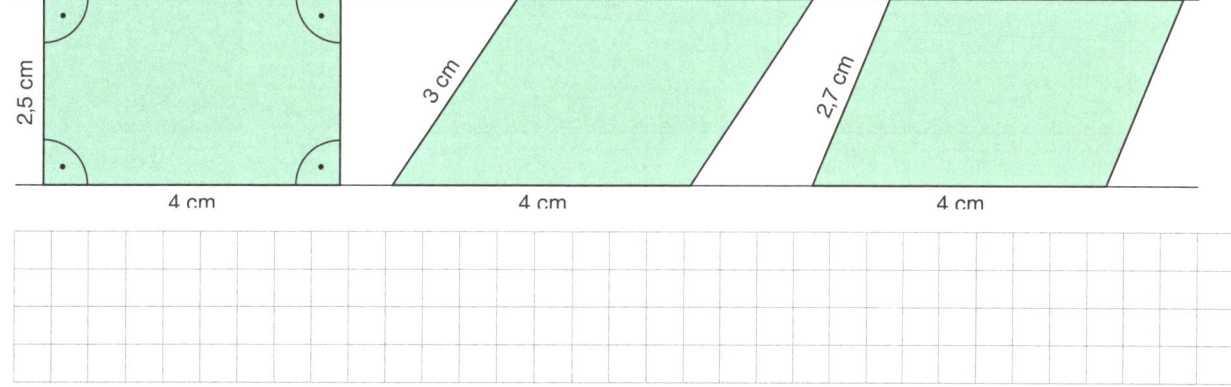

4   Stimmt die Aussage? Kreuze an.

○ Alle Parallelogramme mit gleicher Grundseite und gleicher Höhe haben denselben Flächeninhalt.

○ Es gibt Parallelogramme mit gleichem Flächeninhalt, deren Umfang unterschiedlich ist.

1 a)

Berechne das Volumen und die Oberfläche des Würfels.

$V = a \cdot a \cdot a$ $O = 6 \cdot$ Seitenfläche

V = _____   O = 6 · _____

V = _____   O = _____

(3 cm, 3 cm, 3 cm)

b) Die Kanten eines anderen Würfels sind doppelt so lang.
Berechne das Volumen und die Oberfläche des Würfels.

V = _____   O = _____

2 Stimmt die Aussage? Kreuze an.

Wenn man die Kantenlänge eines Würfels verdoppelt,

○ verdoppelt sich die Oberfläche.   ○ vervierfacht sich die Oberfläche.

○ verdoppelt sich das Volumen.   ○ vervierfacht sich das Volumen.

○ wird das Volumen achtmal so groß.   ○ verdreifacht sich das Volumen.

3 Berechne für jeden Quader die Oberfläche und das Volumen. Was stellst du fest?

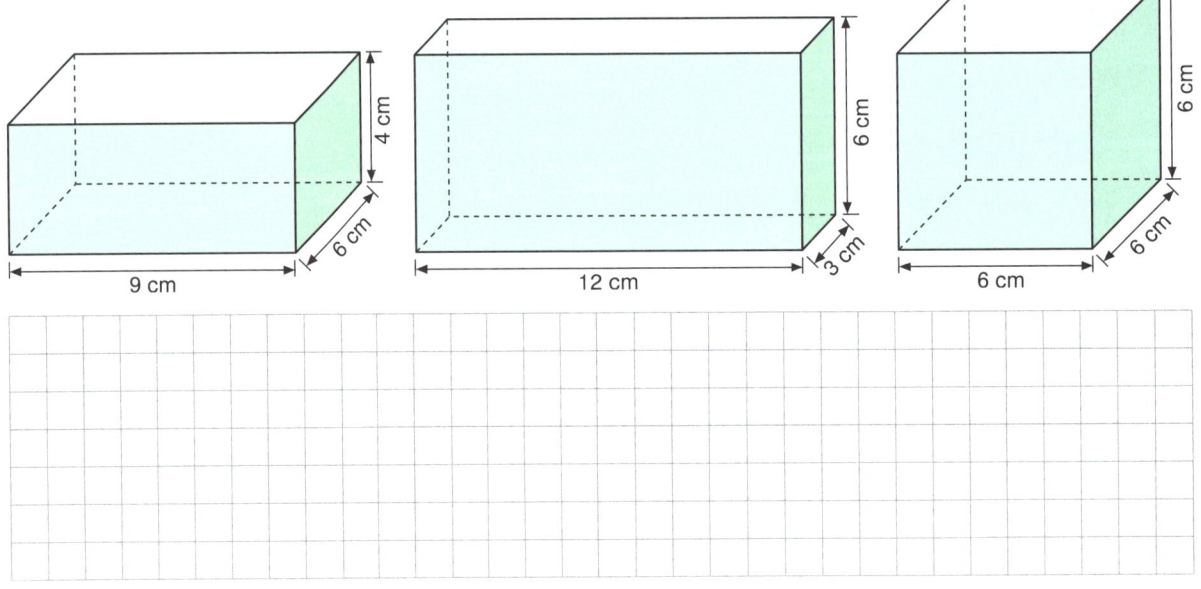

(9 cm, 6 cm, 4 cm)   (12 cm, 3 cm, 6 cm)   (6 cm, 6 cm, 6 cm)

4 Stimmt die Aussage? Kreuze an.

○ Quader mit gleichem Volumen können verschieden große Oberflächen haben.

○ Von allen Quadern mit gleichem Volumen hat der Würfel die kleinste Oberfläche.

1 Welche Bezeichnung gehört zur Rechnung? Verbinde.

| 20 + 5 | 20 − 5 | 20 · 5 | 20 : 5 |

| subtrahieren | multiplizieren | dividieren | addieren |

2 Wird hier die Summe, das Produkt oder die Differenz berechnet?
Trage das Ergebnis und die richtige Bezeichnung ein.

30 · 5 = _____

_____

30 − 5 = _____

_____

30 + 5 = _____

_____

3 Welche Beschreibung trifft zu? Verbinde.

$\frac{1}{2} = \frac{1 \cdot 2}{2 \cdot 2} = \frac{2}{4}$

$\frac{4}{6} = \frac{4 : 2}{6 : 2} = \frac{2}{3}$

$\frac{1}{5} + \frac{1}{5} = \frac{2}{5}$

| Das Doppelte des Bruchs wird berechnet. | Der Bruch wird mit 2 erweitert. | Der Bruch wird durch 2 gekürzt. |

4 Hier wird vorteilhaft gerechnet. Trage die fehlenden Brüche ein. Ergänze die Rechnung.

Die Hälfte

50 % von 450 €

Ein Viertel

25 % von 480 €

Ein Zehntel

10 % von 670 €

Ein Hundertstel

1 % von 890 €

50% = $\frac{1}{2}$

450 € : 2 = _____

25% = ——

480 € : __ = _____

10% = ——

670 € : __ = _____

1% = ——

890 € : __ = _____

5 Du weißt, dass $0{,}25 = \frac{1}{4}$ ist. Damit kannst du die Aufgabe $0{,}25 \cdot 32$ im Kopf rechnen.
Kreuze an, wie du rechnest.
○ Ich multipliziere 0,25 und 32 schriftlich.   ○ Ich dividiere 32 durch 4.
○ Ich multipliziere 32 mit 4.   ○ Ich addiere 25 und 32.

6 Rechne im Kopf.

a) 0,25 · 84 = _____   b) 0,25 · 484 = _____   c) 0,25 · 328 = _____   d) 0,25 · 848 = _____

In Rechnungen Fehler finden

1 Welcher Fehler wurde gemacht? Kreuze an.

a)
7,	3	5	·	2		
	1,	4	7	0		

○ Im Ergebnis wurde das Komma falsch gesetzt.
○ 2 · 3 wurde falsch berechnet.

b)
4,	1	9	·	3		
	1	2,	3	7		

○ 3 · 4 wurde falsch berechnet.
○ Der Übertrag wurde nicht beachtet.

c)
6,	8	4	·	7		
	4	7,	8	6		

○ Im Ergebnis wurde das Komma falsch gesetzt.
○ 7 · 4 wurde falsch berechnet.

d)
3,	0	7	·	5		
		1,	8	5		

○ Es wurde nicht mit der 0 gerechnet.
○ 5 · 7 wurde falsch berechnet.

2 Zu einigen Brüchen sind hier falsche Dezimalzahlen angegeben. Streiche die falschen Dezimalzahlen durch und berichtige.

a) $\frac{1}{4} = 0,4$ _____

b) $\frac{1}{2} = 0,5$ _____

c) $\frac{1}{10} = 0,10$ _____

d) $\frac{3}{4} = 0,34$ _____

e) $\frac{1}{8} = 0,8$ _____

f) $\frac{1}{5} = 0,2$ _____

g) $\frac{1}{100} = 0,01$ _____

h) $\frac{3}{8} = 0,375$ _____

3 Zu einigen Darstellungen im Hunderterfeld wurde der falsche Prozentsatz notiert. Streiche die falschen Prozentsätze durch und berichtige.

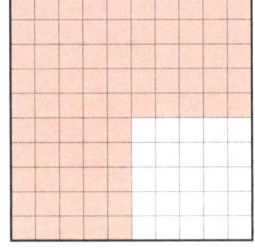 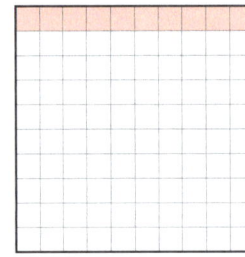 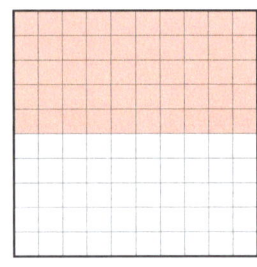 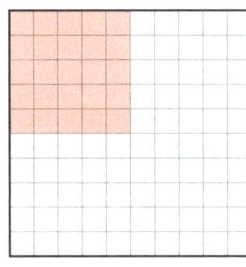

3% _____   10% _____   50% _____   40% _____

4 Kreuze an, welcher Fehler gemacht wurde. Berichtige.

a) $\frac{2}{10} + \frac{3}{10} = \frac{5}{20} = \frac{1}{4}$

○ Fehler beim Addieren
○ Fehler beim Kürzen

_____

b) $\frac{1}{20} + \frac{3}{20} = \frac{4}{20} = \frac{4}{5}$

○ Fehler beim Addieren
○ Fehler beim Kürzen

_____

c) $\frac{2}{9} + \frac{4}{9} = \frac{6}{9} = \frac{2}{6}$

○ Fehler beim Addieren
○ Fehler beim Kürzen

_____

d) $\frac{4}{7} + \frac{3}{7} = \frac{7}{7} = \frac{1}{2}$

_____

○ Fehler beim Addieren
○ Fehler beim Kürzen

e) $\frac{1}{12} + \frac{5}{12} = \frac{6}{24} = \frac{1}{4}$

_____

○ Fehler beim Addieren
○ Fehler beim Kürzen

f) $\frac{3}{8} + \frac{5}{8} = \frac{8}{16} = \frac{1}{2}$

_____

○ Fehler beim Addieren
○ Fehler beim Kürzen

5 Einige Aufgaben wurden falsch gerechnet. Berichtige, wenn nötig.

a) $\frac{1}{5} + \frac{2}{5} = \frac{3}{10}$

b) $\frac{3}{4} + \frac{1}{4} = \frac{4}{8}$

c) $\frac{3}{5} + \frac{1}{5} = \frac{4}{5}$

d) $\frac{1}{2} + \frac{1}{2} = \frac{2}{4}$

_____   _____   _____   _____